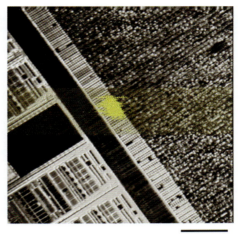

50 μm

（a）　SDL 像と光学像の重ね合わせ
図 2.29　動的リンクで絞り込み，配線系の欠陥が検出された例
（p.51 参照）

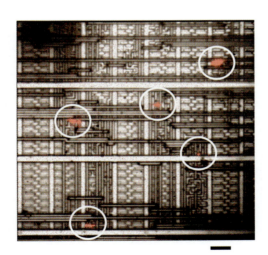

10μm

（b）　小さなトランジスタ
図 2.36　飽和領域の MOS トランジスタの発光例
（p.57 参照）

(b) InGaAs 検出器での観測例
図 2.37 熱放射による発光例
(p.58 参照)

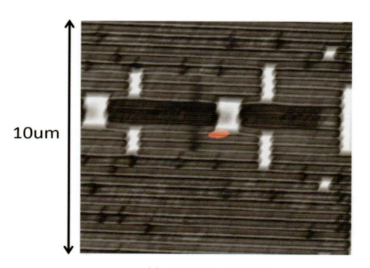

(a) EBRICH + SEM 像
図 2.41 EBIRCH で配線間ショートを検出した例
(p.65 参照)

信頼性技術叢書

半導体デバイスの不良・故障解析技術

信頼性技術叢書編集委員会【監修】

二川　清【編著】

上田　修・山本秀和【著】

日科技連

信頼性技術叢書の刊行にあたって

　信頼性技術の体系的図書は 1983 年から 1985 年にかけて刊行された全 15 巻の「信頼性工学シリーズ」以降久しく途絶えていました．その間，信頼性の技術は着実に産業界に浸透していきました．現在，家電や自動車のような耐久消費財はほとんど故障しなくなっています．また部品を買い集めて自作したパソコンでも，めったに故障しません．これは部品の信頼性が飛躍的に向上した賜物と考えられます．その背景には，信頼性物理や故障解析技術の進歩があります．このように，21 世紀の消費者は製品の故障についてあまり考えることなく，製品の快適性や利便性を享受できるようになっています．

　しかしながら，一方では社会的に影響を与える大規模システムの事故や，製品のリコール事例は後を絶たず，むしろ増加する傾向にあって，市民生活の安全や安心を脅かしている側面もあります．そこで，事故の根源を断ち，再発防止や未然防止につなげる技術的かつ管理的な手立てを検討する活動が必要になり，そのために 21 世紀の視点で信頼性技術を再評価し，再構築し，何が必要で，何が重要かを明確に示すことが望まれています．

　本叢書はこのような背景を考慮して，信頼性に関心を持つ企業人，業務を通じて信頼性に関わりのある技術者や研究者，これから学んでいこうとする学生などへの啓蒙と技術知識の提供を企図して刊行することにしました．

　本叢書では 2 つの系列を計画しました．1 つは信頼性を専門としない企業人や技術者，あるいは学生の方々が信頼性を平易に理解できるような教育啓蒙の図書です．もう 1 つは業務のうえで信頼性に関わりを持つ技術者や研究者を対象に，信頼性の技術や管理の概念や方法を深く掘り下げた専門書です．

　いずれの系列でも，座右の書として置いてもらえるよう，業務に役立つ考え方，理論，技術手法，技術ノウハウなどを第一線の専門家に開示していただき，また最新の有効な研究成果も平易な記述で紹介することを特徴にしています．

●　●　信頼性技術叢書の刊行にあたって

　また，従来の信頼性の対象範囲に捉われず，信頼性のフロンティアにある事項を紹介することも本叢書の特徴の1つです．安全性はもちろん，環境保全性との関連や，ハードウェア，ソフトウェアおよびサービスの信頼性など，幅広く取り上げていく所存です．

　本叢書は21世紀の要求にマッチした，実務に役立つテーマを掲げて，逐次刊行していきます．

　今後とも本叢書を温かい目でご覧いただき，ご利用いただくよう切にお願いします．

信頼性技術叢書編集委員会

益　田　昭　彦

鈴　木　和　幸

二　川　　　清

堀　籠　教　夫

まえがき

　本書が対象とする半導体デバイスはシリコン集積回路(LSI)，パワーデバイス，化合物半導体発光デバイス，である．対象とする不具合は不良(製造工程中で不具合になったもの)と故障(使用中か信頼性試験により不具合になったもの)である．

　対象読者は，半導体デバイスのプロセス・デバイス技術者，信頼性技術者，故障解析技術者，試験・解析・実験担当者，その他技術者全般，大学・大学院生と幅広い層を想定している．

　したがって，内容のレベルは基礎から最新情報までと幅広い．

　執筆者3名は，企業での実務を経験した後(あるいは並行して)，大学で研究・教育を行った経験の持ち主である．それぞれの経験を元に分担執筆を行った．

　全体の構成とLSI関連は二川が，パワーデバイス関連は山本が，化合物半導体発光デバイス関連は上田が分担した．

　それぞれの分野のある側面を気軽に知ることができるコラムを随所に入れたので，気楽に読んでいただければと思う．

　また，日本科学技術連盟主催の「初級信頼性技術者」資格認定試験に出るような5択の演習問題を第2章から第4章の末尾に3問ずつ掲載したので，腕試しに利用してもらえればと思う．

　最後になりましたが，本書の企画に対して快く応じてくださった信頼性技術叢書編集委員会のみなさま，石田新氏ほか日科技連出版社の各位，編集を根気よく担当してくださった木村修氏にお礼申し上げます．

2019年11月

著者を代表して

二　川　　　清

目　　次

信頼性技術叢書の刊行にあたって　*iii*
まえがき　*v*

第1章　半導体デバイスの不良・故障解析技術の概要········ *1*

1.1　故障解析の位置づけ　*2*

1.2　不良解析の位置づけ　*3*

1.3　不良・故障解析に用いる解析ツールの概要　*10*

　　コラム　NANOTS の前身発足と名称変更の経緯　*21*

第1章の参考文献　*22*

第2章　シリコン集積回路（LSI）の故障解析技術········ *23*

2.1　故障解析の手順と，この8年で新たに開発されたか普及した技術　*24*

2.2　パッケージ部の故障解析　*25*

2.3　チップ部の故障解析の手順と主な故障解析技術一覧　*30*

2.4　チップ部の非破壊絞り込み手法　*32*

2.5　チップ部の半破壊絞り込み解析　*63*

2.6　物理化学的解析手法　*66*

　　コラム　何と呼べばいいの？　*78*

第2章の演習問題　*79*

第2章の略語一覧　*81*

第2章の参考文献　*83*

第3章　パワーデバイスの不良・故障解析技術 ········ *85*

3.1　パワーデバイスの構造と製造プロセス　*86*

目次

　3.2　ウエハ製造プロセス起因のデバイス不良・故障と解析技術　*95*
　　　コラム　ウエハ裏面状態のプロセスへの影響　*106*
　3.3　チップ製造プロセス起因のデバイス不良・故障と解析技術　*107*
　　　コラム　アルカリ金属による増速酸化　*122*
　3.4　モジュール製造プロセス起因のデバイス不良・故障と解析技術　*123*
　3.5　パワーデバイスに対応したその他の解析技術　*130*
　　　コラム　パワーデバイス用ウエハの大口径化　*142*
　第3章の演習問題　*144*
　第3章の参考文献　*145*

第4章　化合物半導体発光デバイスの不良・故障解析技術 … *149*

　4.1　化合物半導体発光デバイスの動作原理と構造　*150*
　4.2　化合物半導体発光デバイスの信頼性（半導体レーザの例）　*152*
　4.3　化合物半導体発光デバイスの信頼性試験　*156*
　4.4　化合物半導体発光デバイスの不良・故障解析の要素技術　*164*
　4.5　化合物半導体発光デバイスの不良・故障解析のフローチャート　*192*
　　　コラム　急成長のVCSEL市場，信頼性は大丈夫？じゃない！　*205*
　第4章の演習問題　*207*
　第4章の略語一覧　*208*
　第4章の参考文献　*208*

索引　*211*
監修者・著者紹介　*217*

第1章

半導体デバイスの不良・故障解析技術の概要

　本章ではまず，半導体デバイスの故障解析技術の位置づけと不良解析技術の位置づけを述べる．

　故障解析技術の位置づけの項では，信頼性技術の中での位置づけと半導体デバイスの研究開発から市場での使用という流れの中での位置づけに分けて述べる．

　不良解析技術の位置づけの項では，半導体デバイスの製造プロセスについて述べた後，製造プロセス起因のデバイス不良について述べ，デバイスの不良原因の解析について述べる．

　その後，故障解析に用いる解析ツールについて概要を述べる．その際，解析ツールを以下の5つの観点から分類して概観する．

　　(1)　電気的評価法

　　(2)　異常シグナル・異常応答利用法

　　(3)　組成分析法

　　(4)　形態・構造観察法

　　(5)　加工法

第1章 半導体デバイスの不良・故障解析技術の概要

1.1

故障解析の位置づけ

1.1.1 信頼性技術の中での故障解析の位置づけ

　図1.1は信頼性七つ道具を信頼性作り込み，製造，使用のフェーズの中に位置づけたものである．信頼性七つ道具とは，「信頼性データベース」，「信頼性設計技法」，「デザインレビュー」，「FMEA(Failure Modes and Effective Analysis)/FTA(Fault Tree Analysis)」，「信頼性試験」，「故障解析」，「寿命データ解析」の7つの手法をさす[1].

　「信頼性データベース」，「信頼性設計技法」，「デザインレビュー」，「FMEA/FTA」の4つの手法は信頼性の作り込みに用いられる．製造された製品からサンプリングし，「信頼性試験」を行う．「信頼性試験」で故障した故障品に対しては「故障解析」と「寿命データ解析」を行う．製造中に不良になった不良品に対しては，統計的不良解析が行われるが，場合によっては「故障解析」技術を用いての「故障解析」も行われる．使用中に故障した故障品に対

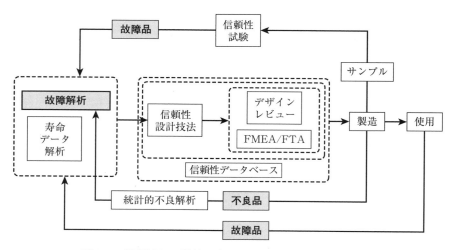

図1.1　信頼性七つ道具の中における故障解析の位置づけ

しては「故障解析」と「寿命データ解析」を行う．

1.1.2 研究開発から市場の中での故障解析の位置づけ

図 1.2 は故障解析を研究開発・設計・試作・量産・スクリーニング・市場のフェーズの中に位置づけたものである．研究開発・試作・量産においては不良が発生し，信頼性試験が行われるので故障も発生する．スクリーニングでは初期故障が発生する．市場では使用中に故障が発生する．これらのフェーズで発生した不良・故障を故障解析し，解析結果を各フェーズにフィードバックすることで，研究開発促進・歩留向上・信頼性向上・顧客満足に繋がる．

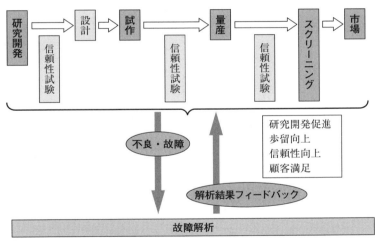

図 1.2 研究開発・製造・市場の中での故障解析の位置づけ

1.2 不良解析の位置づけ

1.2.1 半導体デバイスの製造プロセス

半導体デバイスの製造プロセスは大きく前工程と後工程に分けられる．前工

●　●　第1章　半導体デバイスの不良・故障解析技術の概要

程は半導体ウエハに素子を作り込む工程であり，デバイスメーカではウエハプ
ロセスとも呼ぶ．後工程は組立工程またはアッセンブリ工程とも呼ばれ，前工
程で製造したチップをパッケージに封じ込む工程である．

　半導体ウエハはウエハメーカで製造され，デバイスメーカはそれを購入す

表1.1　ウエハ仕様とデバイスへの影響

ウエハ仕様		デバイスへの影響
形状	ウエハ直径	ウエハ1枚当りの取れ数増によるコスト低減
	ウエハ厚さ	ウエハ強度の確保
	ノッチ(オリフラ)方位	製造装置への適応，チャネルの方向
	ベベリング(端面)形状	製造装置への適応，発塵抑制，外形制御
	表面仕上げ	鏡面仕上げが主
	裏面処理	ゲッタリング，エピタキシャル成長のオートドープ抑制(酸化膜)，300mm から鏡面仕上げ
	ウエハ厚ばらつき(TTV：Total Thickness Variation)	おおまかな平坦性の確保
	サイトサイズ	ステッパーの性能を確保
	サイトフラットネス	
	サイト合格率	
	反り	露光機への吸着，製造装置への適応
品質(基板)	結晶製造方法	欠陥(COP)対策，デバイス特性実現
	導電型	デバイス特性実現
	結晶面方位	
	抵抗率	
	パーティクル	デバイス歩留まり確保
	ライフタイム	内部汚染有無の確認
	酸化誘起積層欠陥	表面汚染有無の確認
	酸素濃度	基板内部析出物の密度管理(適度な IG の実現)
品質(エピタキシャル層)	導電型	デバイス特性実現
	抵抗率	
	厚さ	
	遷移幅	
	ライフタイム	内部汚染有無の確認
	パーティクル(表面欠陥含む)	デバイス歩留まり確保
	裏面状態	異常成長有無の確認

4

る．以前は，デバイスメーカでもウエハ製造技術を開発していたが，一部の開発を除き現状では分業化されている．デバイスメーカは，ウエハメーカから購入仕様書を取り交わしてウエハを購入する．

表 1.1 に購入仕様書に記されている主要な項目を示す．購入仕様書には，ウエハ形状に関する項目とデバイス特性および歩留まりに関わる結晶品質に関する項目がある．ウエハ形状に関する項目において，LSI に関しては微細化に直結するウエハ平坦度関連の項目が重要である．結晶品質に関する項目においては，ゲッタリングに関する項目が重要である．一方，パワーデバイスに関しては，微細化はそれほど重要ではなく，耐圧とオン抵抗を決定する抵抗率が重要である．

図 1.3 に前工程の製造プロセスを示す．ウエハ表面に，不純物，絶縁膜，お

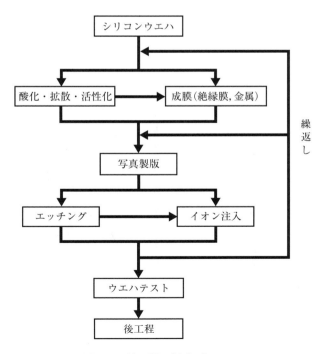

図 1.3　前工程の製造プロセス

第1章 半導体デバイスの不良・故障解析技術の概要

よび金属配線のさまざまなパターンを形成する．ウエハ内部に不純物構造や金属-酸化膜-半導体(MOS：Metal Oxide Semiconductor)構造を形成する工程をフロントエンドと呼び，ウエハ上に配線構造を形成する工程をバックエンドと呼ぶ．LSIにとっては，写真製版技術の向上により，いかに微細なパターンを形成するかが最重要課題である．

図1.4に後工程の製造プロセスを示す．後工程では，まずダイシングによりチップを切り分ける．周辺にダイヤモンドを付着させたブレードによる機械的な切断あるいはレーザを用いて切断する．チップテストはパワーデバイス特有のテストである．ウエハ状態で大電流を流すのは難しいため，チップ状態でテストを行う．切断したチップは，はんだあるいは樹脂によるダイボンド後，ワイヤーボンドにより表面金属とパッケージ側の端子を接続する．パッケージ側の端子は，金属板を加工したリードフレームと呼ばれる薄板に形成されている．金型を用いた樹脂封じ後，リードフレームの端子を個別に切り離し，曲げ加工する．

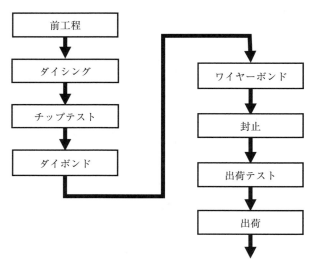

図1.4　後工程の製造プロセス

1.2 不良解析の位置づけ ● ●

1.2.2 製造プロセス起因のデバイス不良 ● ● ● ● ● ● ● ● ● ● ● ● ●

半導体デバイスの不良は，ウエハ，前工程，および後工程に起因して発生する．LSI におけるプロセス起因のデバイス不良は，ウエハおよび前工程プロセスにおける不良が主である．一方，パワーデバイスにおけるプロセス起因のデバイス不良は，ウエハおよび前工程に加え後工程プロセスに起因した不良も多く発生する．

ウエハ仕様に起因したデバイス不良としては，結晶の構造欠陥および不純物に起因して発生する．構造欠陥としては，転位，積層欠陥，微小欠損（ボイド），および析出物などがデバイス不良の原因となる．不良内容としては，リーク不良や耐圧不良が主である．

Si-CZ（CZochralski）結晶は石英るつぼを用いて単結晶を育成する．したがって，CZ 結晶中には不純物として酸素が取り込まれる．酸素は，その後のウエハおよびデバイスの前工程における高温熱処理で酸素析出を形成する．酸素析出物は，デバイス活性層に存在するとリーク不良を引き起こす．一方，活性層以外の領域に存在するとゲッタリングサイトとして働き，プロセス中に導入された不純物を活性層から除去することができる．酸素析出物の解析は，古くは選択エッチングを用いて行った．最近は，Si ウエハでは赤外線を用いた評価が行われている．

ウエハの平坦度は，写真製版技術からの最重要の要求である．電磁波を用いた写真製版においては，波長の短い電磁波を用いるほど微細化できる．一方，波長の短い電磁波は焦点深度が浅くなる．したがって，ウエハの平坦度が微細化の決め手となる．

前工程プロセスはパーティクル（異物）との戦いである．パーティクルはパターン不良を引き起こす．パーティクル測定は，パーティクルカウンターで実施する．パーティクルの座標同定機能により，現物のパーティクルを解析して，発生工程や装置を確定して改善につなげる．

LSI の前工程プロセスでは，800〜1000℃の熱処理が要求される．高温熱処

● ● 第 1 章 半導体デバイスの不良・故障解析技術の概要

理は，転位などの結晶欠陥の発生と不純物導入に直結する．欠陥および不純物
導入を低減する装置開発が行われてきた．パワーデバイスはトレンチゲートデ
バイスが主流であり，深い p ウェルを形成するため，さらに高く 1200℃程度
の熱処理が要求される．そのため，欠陥発生や不純物導入のリスクは大きく高
まる．

　パワーデバイスにおいては，後工程プロセスも重要である．パワーデバイス
は，大電流をスイッチングするデバイスである．そのため，温度上昇を抑制す
るための放熱構造が重要である．一般にチップの最大温度は 150〜175℃であ
る．構成材料には熱抵抗を下げることが要求される．

　さらに，パワーチップはスイッチングの度に昇温と降温を繰り返す．パワー
モジュールは，チップとは熱膨張係数の異なる物質で構成されており，温度変
化により大きな応力が発生する．この応力に対する信頼性確保が重要である．

1.2.3 デバイス不良原因の解析 ● ● ● ● ● ● ● ● ● ● ● ● ● ● ● ● ● ● ●

　デバイス不良は，ウエハ全面あるいは特定領域（ウエハ外周，特定方向など）
で発生する場合と 1 チップ内で局所的に発生する場合がある．局所的に発生し
ている場合は，まず不良箇所を同定する必要がある．

　不良箇所の同定には，レーザビーム加熱抵抗変動（OBIRCH：Optical
Beam Induced Resistance CHang）法 * や光ビーム誘起電流（OBIC：Optical
Beam Induced Current）法 * およびエミッション顕微鏡（EMS：Emission
MicroScopy, PEM：Photo Emission Microscope）* などによる解析が行われる．

　ウエハ中の構造欠陥は，ウエハ製造およびチップ製造プロセス単独で発生す
る場合とウエハとチップ製造プロセスの相性の悪さ（相乗効果）で発生する場合
がある．ウエハ表面や露出断面においては，選択エッチング法 * により簡便に
評価できる．欠陥のより詳細な構造解析は，走査電子顕微鏡（SEM：Scanning
Electron Microscope）* や透過電子顕微鏡（TEM：Transmission Electron

＊ LSI テスティング学会編『LSI テスティングハンドブック』参照．

Microscope)*などの電子線を用いた評価や X 線トポグラフィ（XRT：X-Ray Topography)*を用いて行われる．

　ウエハ製造およびチップ製造プロセス中の汚染(不純物)導入の評価は，μ-PCD(Micro wave PhotoConductive Decay)*による電気的評価で高感度に評価可能である．ただし，μ-PCD では汚染種の同定はできない．元素分析は，2 次イオン質量分析法(SIMS：Secondary Ion Mass Spectroscopy)*，エネルギー分散型 X 線分光法(EDS：Energy Dispersive X-ray Spectroscopy)*などによる物理分析によって行うことができる．加えて，不純物汚染の製造ライン管理として，誘導結合プラズマ質量分析(ICP-MS：Inductively Coupled Plasma- Mass Spectroscopy)*や全反射蛍光 X 線(TXRF：Total reflection X-Ray Fluorescence)分析*などの評価法を用いる．

　不純物の評価として，ウエハ中の酸素や炭素の評価が重要である．ウエハ中の酸素は，内部ゲッタリング(IG：Intrinsic Gettering)*の重要要素である．簡便な酸素の評価には，赤外吸収スペクトル測定(FTIR：Fourier Transform InfraRed spectrometer)*が用いられる．酸素の深さ方向分析には SIMS が用いられる．ウエハ中の炭素は，パワーデバイスにおけるライフタイム制御欠陥に影響する．ウエハ中の炭素評価には，フォトルミネッセンス(PL：PhotoLuminescence)**法が有効である．

　デバイス不良原因の解析には，でき映え評価としてデバイス構造評価も必要である．形状評価には一般に SEM が広く用いられる．不純物分布を含めたデバイスの構造評価には走査プローブ顕微鏡(SPM：Scanning Probe Microscope)*が有効である．形状の評価には原子間力顕微鏡(AFM：Atomic Force Microscope)*が用いられる．ドーパント不純物の分布評価には走査容量顕微鏡(SCM：Scanning Capacitance Microscope)*が用いられている．

＊＊物質が光を吸収した後，光を再放出する際のスペクトルから結晶性，不純物の準位や量などを知る手法．

● ● 第1章 半導体デバイスの不良・故障解析技術の概要

1.3

不良・故障解析に用いる解析ツールの概要

　個々の不良・故障解析技術の詳細と事例を見る前に，ここでは故障解析技術を機能ごとに分類して概観する．故障解析技術を基本的機能から分類すると，電気的評価法，異常シグナル・異常応答利用法，組成分析法，形態構造観察法，加工法に分けられる．

　以下ではこれらの機能ごとにみていく．その際「どのような物理的手段を利用しているか」にも着目して整理する．不良解析に限定して用いられる手法についてはこの節では触れない．

1.3.1　電気的評価法 ●

　電気的評価法について表1.2を参照しながら概観する．表1.2には電気的評価法そのものだけでなく，特別に重要なものは電気的評価を行う際の補助手段も示してある．なお，＊が付いたものは開発段階または未普及のものである．

　最初の4つは，パッケージのリード部またはパッドなどへの探針を通して，電気的特性を評価する際に利用するものである．カーブトレーサーは複数端子間で主にDC的またはAC的な電流・電圧特性を測定するのに用いる．LSIテスタは，多数の端子からプログラムに従ってテストパタンを入力し，その結果出力される信号を期待値と比較したり，電源電流の変化を測定したりすることでLSIの機能を測定するのに用いられる．オシロスコープは，デバイスの任意の端子の動的な信号波形を観測するのに用いられる．スペクトラムアナライザは信号の周波数成分を観測するのに用いられる．

　その下の微細金属探針とSPMは上記4つあるいはある目的に特化した測定手段による電気的測定をLSIチップ上の電極から取り出して行う際に用いる．微細金属探針の場合はその位置制御はSEM(Scanning Electron Microscope)中(真空中)でSEM像を見ながら行うが，SPMの場合には位置制御は，SPM像を見て，大気中または真空中で行う．

10

1.3 不良・故障解析に用いる解析ツールの概要

表 1.2 電気的評価法・評価装置一覧

手法または装置		機能	物理的手段		
			デバイスへの入力	観測対象	デバイスからの出力
PKG端子,パッドを通した電気的測定	カーブトレーサ	電流・電圧特性測定	電気信号	電位・電流	電気信号
	LSIテスタ	広範な電気的特性測定			
	オシロスコープ	電流・電圧の時間的変化測定			
	スペクトラムアナライザ	信号の周波数成分の観測			
固体探針	微細金属探針	微小部位の電気的特性測定用探針			
	SPM	電位、電流観測			
電位コントラストなど	SEM / VC	電位観測（電位コントラスト利用）	電気信号・電子ビーム	電位	2次電子
	SEM / RCI (EBAC)	電気的導通性観測（電流注入、吸収電流など利用）	電子ビーム	抵抗値	電流変化
	SEM / モニター	微細金属探針の位置制御用観測	電子ビーム	形状・電位	
	FIB	電位観測（電位コントラスト利用、帯電防止）	電気信号・イオンビーム	電位	2次電子
	EBT	電位観測（電位コントラスト利用）、動的観測も可	電気信号・電子ビーム	電位	2次電子
電流経路観測	IR-OBIRCH	DC的電流経路観測	電圧・電流・レーザビーム	電流	電流・電圧変化
	走査SQUID顕微鏡	DC的電流経路観測	電圧・電流		磁場
外部からの電気的接触不要	走査レーザ顕微鏡*	電気的導通性など観測（光電流利用）	レーザビーム	光電流	
	レーザテラヘルツ放射顕微鏡*	電気的導通性など観測（光電流利用）	フェムト秒レーザビーム		THz電磁波

● ● 第1章 半導体デバイスの不良・故障解析技術の概要

次のSEMは，主に3つの機能が用いられている．まず，2次電子を利用した電位コントラストを観測することで電位を観測する機能：VC（Voltage Contrast）．次は電子ビームによる電流注入を利用して吸収電流（試料を通してGNDに流れ込む電流）や金属探針に流れ込む電流を観測することで注入電流の分岐状態（すなわち抵抗値の分布）を観測する機能：RCI（Resistive Contrast Imaging）またはEBAC（Electron Beam Absorbed Current）．最後は微細金属探針（ナノプロービング）の位置制御のためのモニター機能である．

FIBは2次電子を観測することで電位コントラストを得る機能と，観測中帯電により電位コントラストが不鮮明になった際に加工することでチャージを逃がし，明瞭なコントラストを得る機能が用いられている．

その下のEBT（電子ビームテスタ）はSEMの電位コントラスト機能を進化させたものであり，静的な電位観測だけでなくストロボ法を利用した動的な電位観測も可能である．

次の2つは電流経路を可視化する機能である．IR-OBIRCH法はサブミクロンの分解能でDC的電流経路を可視化する機能があるのでLSIチップ上の観測に用いられる．走査SQUID顕微鏡は数十μmの分解能なので，パッケージ部の電流経路の可視化に主に用いられる．

次の2つは現在開発中のものであり，外部からの電極への接触が不要な電気的観測法である．ともにレーザビームでLSIチップ中に光電流を発生させる．走査レーザSQUID顕微鏡は光電流で発生した磁場を超高感度の磁束計であるSQUID磁束計で検出する．レーザテラヘルツ放射顕微鏡はパルス状の光電流で発生したテラヘルツ（THz）電磁波を専用のアンテナで検出する．パルス状光電流を発生させるためにフェムト秒レーザを用いる．LSIチップ上の断線やショートが磁場やTHz電磁波の発生を変化させるため，断線やショート箇所の絞り込みに利用できる可能性が示されている．

1.3.2 異常シグナル・異常応答利用法 ● ● ● ● ● ● ● ● ● ● ● ● ●

次に表1.3を参照して，異常シグナルや異常応答を利用する方法や装置につ

1.3 不良・故障解析に用いる解析ツールの概要

表 1.3 異常シグナル・異常応答利用法・装置一覧

利用する異常シグナル・異常応答			手法または装置	検出可能な欠陥	デバイスへの入力	観測対象（物理的手段）	デバイスからの出力
異常シグナル	発光	静的	PEM	ショート・断線など	電気信号	キャリア再結合, 制動放射, 熱放射	光
異常シグナル	発光	動的	TREM	タイミングに関わる各種欠陥	動的電気信号	ドレイン部の発光	光
異常シグナル	電流経路		OBIRCH（含 IR-OBIRCH）	I_{DDQ} 異常の原因欠陥など	電気信号・レーザビーム	2端子間の抵抗変化	電流／電圧変化
異常シグナル	電気信号		EB テスタ	電気信号異常を起こすすべての欠陥	電気信号・電子ビーム	配線電位	2次電子
異常シグナル	発熱		液晶塗布法	ショートなど	電気信号・偏光	液晶の温度相転移	偏光
異常シグナル	発熱		LIT	ショートなど	電気信号	熱放射	赤外光
異常応答	チップ（静的）	熱伝導異常・配線	OBIRCH（含 IR-OBIRCH）	ボイドなど	電圧／電流・レーザビーム（波長633, 1.3μmなど）	異常温度上昇	電流／電圧変化
異常応答	チップ（静的）	熱伝導異常・トランジスタ・温度特性異常	IR-OBIRCH	高抵抗・ショートなど	電圧／電流・レーザビーム（波長1.3μm）	抵抗値の温度係数	電流／電圧変化
異常応答	チップ（静的）	熱伝導異常・トランジスタ・回路	IR-OBIRCH	ショートなど	電圧／電流・レーザビーム（波長1.3μm）	トランジスタの温度特性／回路の温度特性	電流／電圧変化
異常応答	チップ（静的）	熱起電力障壁異常	IR-OBIRCH	高抵抗など	電圧／電流・レーザビーム（波長1.06μmなど）	熱起電力	電流／電圧変化
異常応答	チップ（静的）	ショットキー障壁異常	OBIC	ショートなど	電圧／電流・レーザビーム（波長1.3μm）	内部光電効果	電流／電圧変化
異常応答	チップ（静的）	電界異常	OBIC	ショート・断線など	電圧／電流・レーザビーム（波長1.06μmなど）	光電流	電流／電圧変化
異常応答	チップ（動的）	温度に対するマージナル不良	SDL	マージナルな不良	電圧／電流・レーザビーム（波長1.3μm）	温度特性	電気信号
異常応答	チップ（動的）	光電流に対するマージナル不良	LADA	マージナルな不良に影響する欠陥	電圧／電流・レーザビーム（波長1.06μm）	光電流	電気信号
異常応答	PKG	PKG内壁への異物衝突による超音波発生	PIND	中空PKG内異物	振動	衝突による超音波発生	超音波
異常応答	PKG	PKG系の断線	TDR	PKG系断線	高周波	高周波の反射	高周波

第1章　半導体デバイスの不良・故障解析技術の概要

いて説明する．まず，異常シグナルの1つである発光に関しては静的な検出を行うエミッション顕微鏡(PEM)と動的な検出を行う時間分解エミッション顕微鏡(TREM)がある．PEM ではショート・断線などの結果 MOS トランジスタに貫通電流が流れることによる MOS トランジスタのドレイン部の発光を観測することでショート・断線などの検出ができる．TREM を使うと回路動作に伴う MOS トランジスタのドレイン部からの発光を動的に観測することで，信号伝播の動的な観測ができる．

　異常電流経路の観測には前述の(IR-)OBIRCH が用いられる．異常電気信号の観測には前述の EBT が用いられる．

　異常発熱の観測には主に3つの方法が使われる．液晶塗布法は LSI チップ上に塗布した液晶の温度相転移を偏光顕微鏡で観察することで，発熱箇所(その上部の液晶は液相に転移している)が見分けられる．あとの2つは赤外像を観測するもので，ロックインサーモグラフィ(LIT)を用いる方法と上述の PEM を用いる方法がある．PEM でも赤外域まで高感度のものを用いると感度よく観測できる．

　異常応答を利用する方法には光加熱に対する応答を利用する方法(OBIRCH, IR-OBIRCH, SDL(Soft Defect Localization))と光電流に対する応答を利用する方法(OBIC, LADA(Laser Assisted Device Alteration))がある．前者では光電流が発生しない波長($1.3\,\mu$m)の光が用いられ，後者では光電流が発生する波長($1.06\,\mu$m など)の光が用いられる．

　静的に光加熱を用いる方法には OBIRCH(IR-OBIRCH と可視光を用いた OBIRCH を含む)が用いられるが，配線部のみで構成される TEG を観測するとき以外は IR-OBIRCH が用いられる．(IR-)OBIRCH は表1.2で電流経路を観測する手段として紹介したが，それ以外にこの表に示すように多くの利用法がある．すなわち，配線中のボイドの存在などによる熱伝導異常，配線・トランジスタ・回路の温度特性異常，高抵抗による熱起電力異常，金属・Si 間のショートによるショットキー障壁異常発生などを検出するために利用できる．

　静的方法の最後は光電流を利用しショート・断線などの検出を行う OBIC 法

である．OBIC 法を使用する際に注意すべき点は，OBIC 反応箇所は必ずしも欠陥箇所ではないことである．断線やショートにより OBIC 反応箇所が変化する．回路とレイアウトを参照しながら，欠陥を探す必要がある．

　動的に光加熱を利用する方法には RIL（Resistive Interconnection Localization）または SDL（Soft Defect Localization）を呼ばれる方法がある．ともに道具立ては同じであるが目的（あるいは結果）により名前を呼び分けている．ただ，SDL の方が概念的に広く，高抵抗箇所，絶縁膜のリーク，タイミングマージンなどソフトな欠陥を絞り込むという概念なので，本書では SDL という呼び方を主に使う．レーザビームを LSI チップ上で走査させながら，LSI テスタでの良否判定結果を，レーザビームの位置に対応させて，白黒あるいは疑似カラーで像表示する．

　動的に光電流を利用する方法は LADA と呼ばれている．

　以上はすべて LSI チップ部の故障解析法であったが，最後の2つはパッケージ（PKG）系の解析法である．1つ目は中空 PKG（セラミック PKG や金属 PKG）内の異物を検出する PIND（Particle Impact Noise Detection）と呼ばれる方法である．PKG を振動させ超音波を検出することで内部に浮遊異物があると検出できる．2つ目は TDR と呼ばれる方法で，高周波パルスの反射を観測することで，断線箇所やショート箇所の位置を距離で推定する．

1.3.3　組成分析法 ●●●●●●●●●●●●●●●●●●●●●●●●

　表 1.4 に組成分析法または分析装置の一覧表を示す．専用機でない場合はベースになる装置名も示す．機能の概要を示すとともに，試料に入射するもの，観測の対象となるもの，試料から出力されるものも示す．

　以下，順に説明する．

　組成分析法でもっともよく用いられるのが最初の EDX（Energy Dispersive X-ray Spectroscopy：エネルギー分散型 X 線分光法）（EDS とも略す）である．SEM, TEM（Transmission Electron Microscope：透過電子顕微鏡）または STEM（Scanning TEM，走査透過電子顕微鏡）に付属して用いられる．電子ビ

● ● 第1章　半導体デバイスの不良・故障解析技術の概要

表1.4　組成分析法・装置一覧

手法または装置	ベースになる装置	機能	物理的手段			最高空間分解能力
			試料への入力	観測対象	試料からの出力	
EDX（EDS）	SEM, TEM, STEM	元素同定	電子ビーム	原子組成	特性X線	～nm
EELS	TEM, STEM	元素同定，状態分析		原子組成・化学結合状態	非弾性散乱電子	～nm
AES	専用機	元素同定：極表面		原子組成	オージェ電子	～100nm
SIMS	専用機	元素，分子同定：極表面，深さ方向	イオンビーム	原子組成・分子組成	2次イオン	～100nm
3 D-AP*	専用機	元素同定：3次元	電界・レーザ	原子組成	電界蒸発イオン	～nm
顕微FTIR	専用機	分子同定	赤外光	分子組成	吸収光	～μm

＊が付いたものは開発段階または未普及

ームを入射した際に発生する特性X線のスペクトルをエネルギー分散法で取得し，元素固有のピークを探すことで，元素組成がわかる．

　次に示すEELS（Electron Energy Loss Spectroscopy：電子エネルギー損失分光法）は近年実用化された方法である．透過電子のエネルギー損失をスペクトルとしてみることで，元素同定ができるだけでなく状態分析もできる（例えば，SiとSiNとSiOの違いをSiのスペクトルの違いとして識別できる）．

　AES（Auger Electron Spectrometry：オージェ電子分光法）は古くから使われている方法である．電子ビームを照射した際に発生するオージェ電子のスペクトルから元素同定を行う．オージェ電子が試料外に出てくる領域が浅いため，ごく表面の分析が可能である．Arイオンなどでスパッタリングしながら測定することで深さ方向の分析もできる．

　SIMS（Secondary Ion Mass Spectroscopy：2次イオン質量分析法）も極表面の分析が可能である．イオンビームを照射した際に弾き出される2次イオンの

スペクトルを解析することで元素や分子の同定ができる。スパッタしながら測定することで深さ方向の分析もできる。

次にあげた3D-AP（Three Dimension Atom Probe：3次元アトムプローブ）は試料を微細な針状（局率半径が100nm程度以下）に加工し，針の先端にかけた電界で原子がイオン化して蒸発（電界蒸発）したものを位置敏感型検出器で検出し，検出までの時間を測定する：TOF（Time OF Flight）型質量分析。コンピュータで処理したあと，元素分布を3次元的に表示する。絶縁膜や半導体を含む試料に対してはレーザ照射によるトリガを加えることで電界蒸発が実現できる。

最後にあげた顕微FTIR（Fourier Transform Infrared Spectroscopy：フーリエ変換赤外分光法）は赤外光の分子での吸収を利用するもので，分解能が高くないためチップ部ではなくPKG部の異物などの分子同定に利用されている。

それぞれの手法の最高空間分解能の値を右端の欄に示した。観測条件だけでなくサンプルの種類や形態よっても異なるので目安としてみていただきたい。

1.3.4　形態・構造観察法 ● ● ● ● ● ● ● ● ● ● ● ● ● ● ● ● ● ●

表1.5に形態や構造を観察する方法・装置を一覧で示す。

最初の3つが可視光を利用する方法である。実体顕微鏡と金属顕微鏡は通常の可視光を利用し試料の形状や色で異常を識別する。可視レーザを試料に走査しながら照射し，反射光を共焦点（反射光が焦点を結ぶ位置）に置いたピンホールを通してフォトダイオードで検出し像を得るのが共焦点レーザ走査顕微鏡（LSM：Laser Scanning Microscope）である。実体顕微鏡は分解能が低いが立体的観察ができるので，PKG部の観察に用いられる。金属顕微鏡とLSMは分解能が高いのでチップ部の観察に用いられる。なお，共焦点方式では共焦点の直後のピンホールを通して光を検出することで，迷光の検出を防ぎ高分解能かつ高感度の像を得ている。

次の2つは赤外光を用いる方法でチップ裏面からの観測が可能である。特に，共焦点赤外レーザ走査顕微鏡（IR-LSM）はIR-OBIRCH法のベースになる

第1章　半導体デバイスの不良・故障解析技術の概要

表 1.5　形態・構造観察法・装置一覧

手法または装置	機能	物理的手段		
		試料への入力	観測対象	試料からの出力
実体顕微鏡	PKG 部の観察	可視光	形状・色	可視光
金属顕微鏡	チップ部の観察			
共焦点レーザ走査顕微鏡		可視レーザ	形状	
赤外顕微鏡	チップ裏面からの観察	赤外光		赤外光
共焦点赤外レーザ走査顕微鏡		赤外レーザ		
SEM	PKG・チップ部の観察	電子ビーム		2 次電子
EBSP	結晶構造観察 (SEM ベース)		結晶構造	反射電子
TEM	チップ部の観察		形状・結晶構造	透過電子
STEM			形状	
SIM		イオンビーム	形状・結晶構造	2 次電子
ナノレベル X 線 CT*	チップ内部の非破壊観察	X 線	形状	透過 X 線
X 線透視法	PKG 内部の非破壊観察			
X 線 CT				
走査超音波顕微鏡		超音波	形状・剥離	反射超音波

＊が付いたものは開発段階または未普及

装置として広く用いられている．エミッション顕微鏡のベースになる装置としても用いられている．

　次の 4 つは電子ビームを照射し形状や構造を観測するものである．SEM は電子ビーム走査時に発生する 2 次電子を検出して像を得る．EBSP，(Electron Backscatter Diffraction Pattern)または EBSD は電子ビームを照射した際の反射電子から得られる回折情報（菊池パターンと呼ばれる）を元に照射点ごとの結晶方位を同定し，マッピングする方法である．TEM と STEM は透過電子を利用するが，TEM では形状の情報が得られるだけでなく，電子線回折による結晶構造の情報も得られる．STEM では細く絞って電子ビームを走査する．

回折による情報を含まない形状や組成を反映した像が得られる．近年，形状のみを高空間分解能観察する目的での観測が多いため，STEM専用機も多く使われるようになってきている．また，X線CT（Computed Tomography）と同様の原理でTEM像をCTで3次元化して観察することも行われている．

SIM（Scanning Ion Microscope：走査イオン顕微鏡）はFIB装置の観測機能である．イオンビームを照射した際に発生する2次電子（や2次イオン）を検出して走査像を得る．電子ビームによる像（SEM像）に比べ，結晶構造や物質差を反映したコントラストが強く得られる．

最近数十nmオーダーのX線CT（コンピュータ断層撮影）が開発され，チップの解析に使える可能性がでてきている．

以上は（最初の実体顕微鏡を除くと）LSIチップの観察用の手法であったが，以下にPKG内部を非破壊で観察する方法についてみる．

まず，X線を使う方法は通常のX線透視法とX線CT法がある．通常のX線透視法では影になって見えない異常もX線CTで3次元的に観察することで，異常部を見逃す確率が減る．

次の走査超音波顕微鏡は，超音波を走査しながら反射してきた超音波を像にして観察する方法である．超音波が固体と気体の界面で反射する際，位相が反転する現象により剥離やクラックが有効に検出できる．

1.3.5　加工法

故障解析を実施する際，ほとんどの場合は何らかの加工を行う必要がある．表1.6によく使われる加工法を一覧で示す．

最初の3つがPKG部の加工に関するものである．PKG部に異常がありそうな場合はPKGの切断や研磨を行う．樹脂に埋め込むなどして周囲を固め，切断により観測したい近傍まで接近し，詳細な位置だしは研磨により行う．

チップ部の観測を行う際にチップの表面か裏面を露出するためにはPKGの開封（一部除去）を行う．樹脂封止PKGの場合は発煙硝酸や熱濃硫酸（あるいはそれらの混合液）などで樹脂を溶かすことでチップ部を露出させる．セラミ

第1章　半導体デバイスの不良・故障解析技術の概要

表1.6　加工法・装置一覧

機能	手法または装置	使用薬品材料など	利用する現象
PKG の切断・研磨	切断器・マニュアル研磨	研磨剤など	機械的研磨など
樹脂封止 PKG の開封	マニュアル開封・自動開封	発煙硝酸など	化学的分解反応
気密封止 PKG の開封		ニッパー・グラインダーなど	機械的変形・研磨など
チップの(平面・断面)研削・研磨		研磨剤など	機械的研磨など
	FIB 利用	Ga イオン源など	イオンスパッタリングなど
ダメージ層除去	低加速 FIB/Ar ビーム	Ga/Ar イオン源など	
チップ上の絶縁膜除去	RIE	SF_6 など	物理化学的プラズマエッチング
チップ上回路修正	FIB 利用	アシストガスなど	金属・絶縁膜デポ

ック PKG や金属 PKG の場合は，蓋になっているセラミックや金属を機械的にニッパーやグラインダを用いて取り除く．

　チップ部の欠陥に接近するには，平面研削・研磨や断面研削・研磨を行う．

　研削・研磨器を用いて行う場合は研磨剤の荒さを徐々に細かくしながら，顕微鏡下で確認しながら実施する．

　FIB 装置を用いる場合もイオンビームの太さを徐々に細くしながら，最終仕上げまでもっていく．TEM の試料作製を通常の加速電圧(30kV 程度)条件で行うと，表面にダメージ層(アモルファス層など)ができるので，高精度な観測を行うためには，それを除去するために低加速の Ga イオンや Ar イオンでスパッタすることも必要である．

　チップ上で絶縁膜だけ除去したい場合は RIE(反応性イオンエッチ)法が用いられる．

　チップ上の回路の修正は電気的に観測するための電極を取り出したり，故障を修復したりするために行う．FIB はミリングに用いられるだけでなく堆積にも用いられる．各種アシストガスを吹きつけながら FIB を照射することで金属膜や絶縁膜の堆積を行う．

1.3　不良・故障解析に用いる解析ツールの概要　● ●

コラム

NANOTS の前身発足と名称変更の経緯

　現在日本で開催されている研究会やシンポジウムで半導体デバイスの故障解析に関する発表が最も多くあるのは「ナノテスティングシンポジウム（NANOTS）」です.

　ここでは，NANOTS の前身発足の経緯とその後の名称変更の経緯を見ます.

　前運営委員会委員長である藤岡弘大阪大学名誉教授の報告[1]によると，このシンポジウムの前身である公開学術講座，「ストロボ走査電子顕微鏡と半導体素子への応用」は 1979 年と 1980 年の 2 回開催され，当時大阪大学の教授であった裏克己氏と藤岡弘氏により講演と実演がなされたとのことです.

　1981 年には学振 132 委（日本学術振興会　荷電粒子ビームの工業への応用第 132 委員会）の主催で外部からの発表も行う「ストロボ SEM とその応用」シンポジウムとして開催されました.

　そして 1982 年から 1993 年までは世界的に名前が定着した「電子ビームテスティング」という名称を用いた「電子ビームテスティングシンポジウム」として開催されました. しかし電子ビームテスティングの普及とともに，逆に，研究としての発表件数は減り，1987 年以降は FIB が，1989 年以降は光ビームが加わり，1994 年には全発表件数の内，電子ビームに関する発表が 50％となり，その年から「LSI テスティングシンポジウム」と改称されました.

　その後 LSI 以外にパワーデバイスの解析の発表が増えたため 2013 年からは「ナノテスティングシンポジウム」と改称されました.

● ● 第1章　半導体デバイスの不良・故障解析技術の概要

第1章の参考文献

[1]　鈴木和幸編著：『信頼性七つ道具』，日科技連出版社，2008年.

コラムの参考文献

[1]　藤岡弘：「EBテスティングシンポジウムからLSIテスティングシンポジウム
　　　に」，日本学術振興会荷電粒子ビームの工業への応用第132委員会第128回研究
　　　会(LSIテスティングシンポジウム)資料，pp.1-4，1994年.

第2章

シリコン集積回路(LSI)の故障解析技術

　筆者は2011年に『新版 LSI 故障解析技術』(日科技連出版社)を上梓した[1]．そこでは，2011 年時点で普及していたか開発中であった LSI 故障解析技術に関して概要を述べた．本章の記述は，その本をベースにするが，紙数の制限上([1]の約 1/3)従来技術の記述は大幅に削減し，その後 8 年で新たに開発されたか普及した技術に多くの頁を割いた．

2.1
故障解析の手順と,この8年で新たに開発されたか普及した技術

　故障解析の手順の概要を図2.1に示す.故障解析はいろいろな場面で行うが,手順は基本的には同じである.

　手順の基本は,全体から詳細へ,非破壊解析から破壊解析へ,である.同じ症状の故障品が多数ある場合は統計的な解析も有効であるが,ここでは統計的方法にはふれない.

　各ステップの詳細は参考文献[1]2.2節「故障解析の手順」を参照されたい.

　本章で主に扱うのはステップ5, 7, 8である.

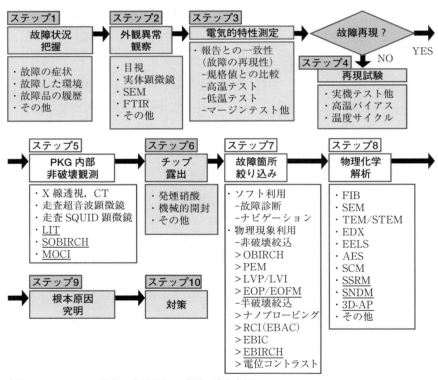

略語のフルスペル,対応日本語などは略語一覧を参照

図2.1　故障解析の手順

2.2 パッケージ部の故障解析 ● ●

ここ 8 年で，新たに開発されたか普及した技術には下線を施した．9 つもの技術がこの 8 年で故障解析技術の仲間に加わったのである．個々の技術の説明は後の節で行う．

2.2

パッケージ部の故障解析

パッケージ部の故障解析に利用する主な手法・装置を表 2.1 に一覧で示す．主な機能／目的と何をサンプルに入力あるいは照射し，何を観測し，何が出力されるかを示してある．また試料の環境と空間分解能も記した．空間分解能は多くの条件に左右されるので，あくまでも目安として見ていただきたい．

以下で，個々の主な手法・装置について説明する．

2.2.1　X 線透視，X 線 CT（コンピュータ断層撮影）● ● ● ● ● ● ● ●

X 線透視と X 線 CT（Computed Tomography，コンピュータ断層撮影）では X

表 2.1　パッケージ部の故障解析に用いる主な手法・装置一覧

手法または装置	機能／目的	物理的手段			試料の環境	空間分解能（オーダー）
		試料への入力	観測対象	試料からの出力		
X 線透視法	PKG 内部の構造観察	X 線	形状	透過 X 線	空気	～ 1um
X 線 CT						
走査超音波顕微鏡		超音波	形状・剥離	反射超音波	水	～ 10um
走査 SQUID 顕微鏡	電流経路の観測	電流	電流起因の磁場	磁場	空気	～ 10um
LIT	発熱箇所の検出	強度変調電圧	発熱箇所	強度変調赤外線	空気	～ 1um
SOBIRCH	電流経路の観測	超音波	電流経路	加熱による抵抗変動	水	～ 100um
MOCI	電流経路の観測	直線偏光	電流起因の磁場	ファラデー効果で回転した偏光	空気	～ 10um

25

● ● ● 第2章　シリコン集積回路(LSI)の故障解析技術

線をサンプルに照射し，透過したX線の強度からサンプルの内部構造(形状)を観察する．サンプルは空気中でよく，最高空間分解能は1μmのオーダーである．

　X線透視に比べX線CTは細部の欠陥が観測可能であるが，X線の照射時間が長いため，トランジスタの特性に影響を与えるので，注意が必要である．

2.2.2　走査超音波顕微鏡 ● ● ● ● ● ● ● ● ● ● ● ● ● ● ●

　走査超音波顕微鏡は超音波を用いてサンプルの内部構造を非破壊で観察する方法である．サンプルを水の中に入れ超音波ビームを照射し，サンプルからの超音波の反射を検出する．サンプルを走査することで像を得る．超音波の周波数は15MHzから300MHz程度であり，75MHzの場合空間分解能は40μm程度である．固体／気体の界面での反射では位相が反転するため，剥離やクラックはX線透視に比べ検出しやすい．

2.2.3　走査SQUID顕微鏡 ● ● ● ● ● ● ● ● ● ● ● ● ● ● ●

　走査SQUID顕微鏡は，超高感度の磁束計であるSQUID(Superconducting Quantum Interference Device：超伝導量子干渉素子)磁束計を用いて電流が発生する磁場を観測する．磁場強度でいうとpT(ピコテスラ，地磁気より8桁低い)程度の感度がある．

　走査SQUID顕微鏡の下のサンプルを走査することで磁場像が得られる．磁場像をフーリエ変換することで電流像が得られる．電流経路からショート箇所が絞り込める．電流像の空間分解能は数十μm程度の値が報告されている．

2.2.4　ロックインサーモグラフィ(LIT：Lock-In Thermography)[2] ●

　LITは数μmの空間分解能があるので，パッケージだけでなく，チップ部の解析にもある程度利用可能である．パッケージ状態から解析を開始できるためここに分類した．図2.2でその構成と観測例を説明する．メーカにより呼び方が異なり，ロックインサーモグラフィあるいはサーマルロックイン法と呼ばれている．(a)に構成例を示す．①はロックイン法を利用するための基準信号，

2.2 パッケージ部の故障解析

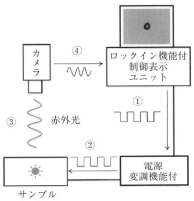

(a) 構成例

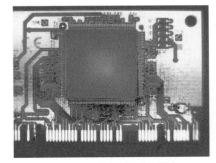

ロックイン法を用いない場合　　　ロックイン法を用いた場合

(b) ロックイン法を用いない場合と用いた場合の像の比較例

（出典）　©LSI テスティング学会 2011, 清宮直樹，田村敦，一宮尚至，長友俊信，戸田徹，松下大作，渡辺拓平，小泉和人：「発熱解析技術と高空間分解能 X 線 CT のコンビネーションによる，完全非破壊解析ソリューションのご紹介」，第 31 回 LSI テスティングシンポジウム会議録，p.201, Fig.7,8（2011）．

図 2.2　ロックインサーモグラフィの構成と観測例

②はその基準信号の周波数で変調された電源電圧，③はその結果発熱部から発せられた変調された赤外線，④は赤外カメラで検出した結果の変調された電気的信号である．この信号をロックインアンプで検波し画像表示することで，S/N を向上させた画像が得られる．(b)に赤外カメラでの画像をロックイン法で取得した場合とロックイン法を利用しなかった場合を比較して示す．明確な

差があるのがわかる．

2.2.5　SOBIRCH (ultraSonic Beam Induced Resistance CHange)[3]-[5]

SOBIRCH は OBIRCH の超音波ビーム版である．すなわち，超音波ビームで加熱した際の抵抗変動を像にする．図 2.3(a) に示すように OBIRCH ではパッケージを開封しないとチップ部を観測できないが，SOBIRCH ではパッケージの外からチップ部の観測が可能である．

図 2.3(b) は QFP パッケージに入ったマイクロコントローラチップで電源と

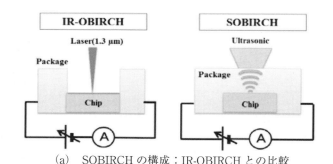

(a)　SOBIRCH の構成：IR-OBIRCH との比較

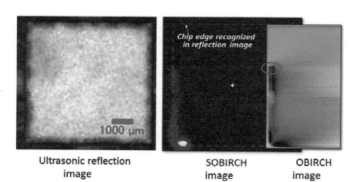

(b)　SOBIRCH の観測例：IR-OBIRCH との比較

（出典）　© ナノテスティング学会 2017, 松本徹：「超音波刺激変動検出法：SOBIRCH」，第 37 回ナノテスティングシンポジウム会議録，p.97, Fig.1; p.100, Fig.11（2017）．

図 2.3　SOBIRCH の構成と観測例

2.2 パッケージ部の故障解析

グランドがショートしたサンプルを観測した例である．SOBIRCH ではパッケージ未開封の状態で観測し，OBIRCH では樹脂を除去して観測したものである．OBIRCH 像中に丸印で示した箇所がショート箇所である．これを見ると SOBIRCH 像では空間分解能は劣るものの，OBIRCH 像とほぼ同じ電流経路を，樹脂（500 μm 厚）を通して観測できていることがわかる．

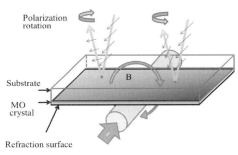

(a) MOCI の原理[6]

（出典） ©ナノテスティング学会 2015，中村共則：「MOFM：Magneto-Optical Frequency Mapping による電流経路観察と半導体故障解析への適用」，第 35 回ナノテスティングシンポジウム会議録，p.250，Fig.1（2015）．

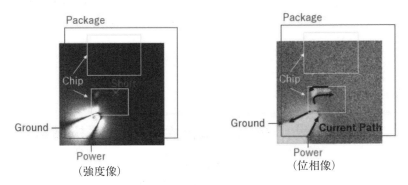

(b) SiP タイプの QFN サンプルへの適用事例

（出典） ©ナノテスティング学会 2016，松本賢和，松井央，岡保志，津久井博之，中村共則，越川一成，松本徹：「Magneto-Optical Frequency Mapping を用いた半導体デバイス故障箇所特定手法の検討」，第 36 回ナノテスティングシンポジウム会議録，p.233，Fig.6（2016）．

図 2.4　MOCI の原理と観測例

●　● 　第2章　シリコン集積回路(LSI)の故障解析技術

2.2.6 MOCI(Magneto Optical Current Imaging)[6]-[9] ● ● ● ● ●

　MOCI は電流起因の磁場を観測する点は走査 SQUID 顕微鏡と同じだが，磁場を検出する原理が異なる．ファラデー効果と呼ばれる磁気光学効果を用いている．

　考案者は当初はベースとなる EOFM 装置を基にした MOFM(Magneto Optical Frequency Mapping)という名称を用いていたが，現在は実際の原理と目的に合う MOCI という名称に変更しているので，本書では MOCI という名称を用いる．

　図 2.4 に原理と観測例を示す．(a)に示すように磁場の向きと強度によって MO 結晶を往復する偏光の回転の向きと角度が変わる．偏光を走査し，この回転の向きと角度を明暗あるいは擬似カラーで像表示することで，磁場像が得られる．ロックインアンプを使用しているので，強度像と位相像が得られる．

　(b)は SiP(System in Package)タイプの QFN(Quad Flat No-leads package)サンプルへの適用事例である．電源・GND 間が 6Ω の抵抗値でショートしていた．元々の樹脂厚は 800μm であったが，そのままだと電流経路がわからなかったため，640μm まで削ったところ，(b)のように電流経路がわかる像が得られた．

2.3

チップ部の故障解析の手順と主な故障解析技術一覧

　図 2.5 にチップ部の故障解析の手順を示す．

　手順①では，故障診断手法を用いて，チップ全体からチップの一部まで絞り込む．故障診断手法は LSI テスタでのテスト結果とソフトのみを用いて，故障箇所を絞り込む手法である．本書ではその中身には触れない．手順②では IR-OBIRCH(InfraRed Optical Beam Induced Resistance CHange)などの非破壊絞り込み手法で μm オーダーまで絞り込む．手順③ではナノプロービング

30

2.3 チップ部の故障解析の手順と主な故障解析技術一覧

などの半破壊絞り込み手法で十 nm オーダーまで絞り込む．手順④では FIB (Focused Ion Beam：集束イオンビーム) などでの断面出しや薄片化の前処理を行った後，STEM (Scanning Transmission Electron Microscope：走査透過電子顕微鏡) などで物理化学解析を行う．

なお，それぞれの手順は典型例であり，寸法も一例である．

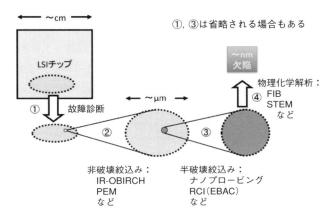

略語のフルスペル，対応日本語などは「第2章の略語一覧」参照

図 2.5 チップ部の故障解析の手順

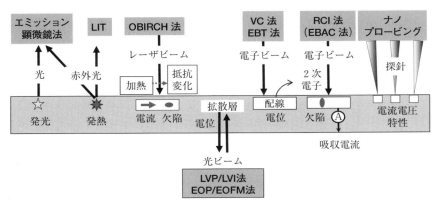

略語のフルスペル，対応日本語などは「第2章の略語一覧」参照

図 2.6 チップ部の絞り込み手法の一覧

● ● 第2章 シリコン集積回路(LSI)の故障解析技術

手順②と③の手法(絞り込み手法)を図で一覧できるようにしたのが図2.6である．個々の手法の説明は次節以降で行う．

2.4

チップ部の非破壊絞り込み手法

チップ部の非破壊絞り込み手法・装置の全体を表2.2で見ておく．日常的によく用いられる手法は IR-OBIRCH，エミッション顕微鏡である．動的な状態の観測には EOP/EOFM(Electro Optical Probing/Electro Optical Frequency Mapping)や LVP/LVI (Laser Voltage Probing /Laser Voltage Imaging)が用いられる．EBT(Electron Beam Tester：電子ビームテスタ)も他に手段がないときには用いられるが，使用頻度は低い．

以下で，個々の主な手法・装置について説明する．

表2.2 LSI チップ上の故障箇所絞り込みに用いる主な非破壊手法・装置一覧

手法または装置	機能	物理的手段			試料の環境	チップ裏面からの解析	最高分解能(オーダー)
		試料への入力	観測対象	試料からの出力			
IR-OBIRCH	電流経路の可視化 各種欠陥の検出	電気信号 レーザビーム	抵抗変化	電流変化 電圧変化	空気	容易に可能	～1um
エミッション顕微鏡	異常発光箇所の検出	電気信号	キャリア再結合 制動放射 熱放射	発光			
EOP/ EOFM (LVP/LVI)	動作状態でのトランジスタの観測(波形，像)	電気信号 光ビーム	キャリア密度の時間変化	反射光			
電子ビームテスタ	配線電位の直接観測	電気信号 電子ビーム	電位	2次電子	真空	前処理に多大な手間	～100nm
故障診断	LSI テスタによる測定結果と LSI 設計データから故障箇所を絞り込む	―	―	―	―	―	単一ネット

2.4.1 IR-OBIRCH 装置 ● ● ● ● ● ● ● ● ● ● ● ● ● ● ● ● ● ●

OBIRCH（InfraRed Optical Beam Induced Resistance CHange）法はレーザビームで加熱することを基本とする．レーザの波長として 1.3 μm のものを用いる OBIRCH を特に IR-OBIRCH と呼んでいる．現在用いられている OBIRCH の多くは IR-OBIRCH である．ここでは IR-OBIRCH 装置を用いることで可能となる機能全体について述べる．IR-OBIRCH 装置を用いることで OBIRCH 効果（加熱による効果）以外の現象も見ることができるので，あえて，「装置」という．

（1） IR-OBIRCHの基礎

詳細な説明に入る前に表 2.3 で IR-OBIRCH 装置で実現できる主な機能を見ておく．主な機能は電流経路の可視化，ボイド・析出物の検出，高抵抗箇所の検出，ショットキー接合箇所の検出，回路・トランジスタの温度特性異常応答の検出である．ショットキー接合箇所の検出以外の機能はレーザの加熱作用による効果である．電流経路の可視化は，電流経路にレーザが照射されたときのみ抵抗変化が起き，外部からは電流または電圧の変化が検出されることで実現できる．ボイドや析出物はその存在によりレーザビーム照射時の温度が正常箇

表 2.3　IR-OBIRCH 装置で実現できる主な機能一覧

機能	レーザの作用	異常検出のメカニズム
電流経路可視化	加熱	電流経路にレーザが照射されたときのみ抵抗変化
ボイド・析出物の検出		正常箇所より温度上昇大
高抵抗箇所の検出		高抵抗遷移金属合金の負の TCR
		熱起電力効果
ショットキー接合箇所の検出	キャリア励起	ショットキー障壁による内部光電効果
回路の温度特性異常応答検出	加熱	回路の局所加熱による異常応答
トランジスタの温度特性異常応答検出		トランジスタの局所加熱による異常応答

所より高くなることで検出できる．高抵抗箇所の検出の原理は二通りある．1つは高抵抗遷移金属合金が負のTCR (Temperature Coefficient of Resistance：抵抗の温度係数)を示すことから検出できる．また，高抵抗箇所の両端では熱起電力電流の流れが逆向きであることから検出できる．ショットキー障壁があると内部光電効果により電流が流れるため検出できる．回路やトランジスタの温度特性異常に起因した効果も見ることができる．

図2.7にOBIRCHの構成の概要を示す．OBIRCHはレーザビーム照射の加熱による抵抗変化を可視化する方法である．抵抗変化を検出するには図に示すように定電圧をかけ電流変化を検出する方法と，定電流をかけ電圧変化を検出する方法がある．どちらの方式がいいかは多くの要因に左右されるので，両方備えておき比較しながら観察するとよい．

OBIRCH効果(OBIRCHにおける加熱効果)を式で説明すると以下のようになる．定電圧を印加した際の電流変化の値と定電流を印加した際の電圧変化の値は図中の式(オームの法則から導かれる)で示すように抵抗変化の項と電流の項を含んでいる．電流の項があるため電流経路が可視化できる．抵抗変化の項は温度上昇の項とTCRの項を含んでいるため，温度上昇の異常を起す欠陥やTCRの異常のある欠陥が可視化できる．レーザの波長としては$1.3\mu m$のものが用いられることが多い．

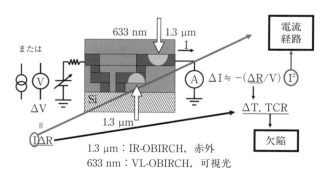

図2.7　OBIRCHの構成概要

2.4 チップ部の非破壊絞り込み手法

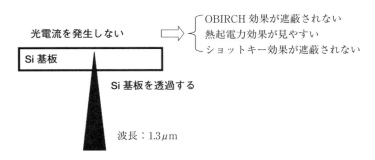

図 2.8　1.3μm の波長のレーザを使う理由

1.3μm の波長を用いる理由を図 2.8 に示した．まず，1.3μm の波長の光を用いると Si 基板を透過するという特徴がある．次に，光電流を発生しないという特徴がある．OBIRCH 利用の初期のころ (1990 年代前半) は配線 TEG (Test Element Group：試験専用構造) が対象で，633nm の波長のレーザを用い，チップ表面側から観測していた．1.1μm 程度以下の波長のレーザを実デバイス (配線 TEG でないという意味) に照射すると光電流が発生し，それが OBIRCH 効果 (レーザ加熱による抵抗変動効果) を遮蔽する．1.3μm の波長の光では光電流が発生しないため OBIRCH 効果が遮蔽されない．熱起電力効果は無バイアスにすることで 633nm の波長のレーザでも観測できるが，1.3μm の波長では，光電流による遮蔽がないので，そのような配慮も不要である．ショットキー障壁における内部光電効果は 1.3μm の波長を使うことで，光電流による遮蔽に妨害されずに観測できる．

図 2.9 に光の透過率と波長との関係を示す．透過率は不純物濃度と Si 厚に依存するが，ここでは大まかな傾向を示した．まず 1.0μm 以下ではほとんど透過しない．1.0μm 以上では透過率は急激に上昇し最大値は 1.1μm と 1.2μm の間にあり，その後波長が長くなると徐々に減少する．

図 2.10 には初期のころ OBIRCH に用いられていた 633nm の波長の光を用いると光電流が発生する理由を示す．ひとことでいうと，波長 633nm の光のエネルギーは 1.96eV でありバンドギャップの 1.12eV より大きいためである．

第 2 章 シリコン集積回路(LSI)の故障解析技術

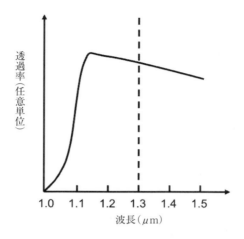

図 2.9 Si に対する光の透過率の波長依存性概要

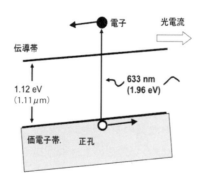

図 2.10 633nm の波長で光電流が発生する理由

このため 633nm の光を Si に照射すると電子・正孔対が生成される．電子・正孔対が生成された箇所に電界がかかっていなければ再結合による電流は流れない．外部から電界をかけ，電子・正孔対が発生した箇所近傍に電界がかかっている場合は電子・正孔対は外部印加電界によりドリフトし光電流が流れる．外部から電界をかけていなくても p-n 接合や不純物濃度勾配がある箇所では内部電界が存在するので，電子・正孔対はその内部電界によりドリフトし光電流が

2.4 チップ部の非破壊絞り込み手法

流れる．

波長 633nm を用いた OBIRCH は配線 TEG には有効に利用できるが，実デバイスに適用しようとするとこの光電流が邪魔をする．その様子を図 2.11 に示す．図 2.11(a) の電流変化像には光電流の効果と OBIRCH 効果が両方表れているはずであるが，後で示す図 2.13(a) の像で見える電流経路はここでは見えず，光電流による明るいコントラストのみが見える．これは光電流信号の方が OBIRCH 効果信号よりも圧倒的に強いため，光電流信号が OBIRCH 効果信号を遮蔽しているのである．昼間の太陽の下では星が見えないようなものである．

図 2.12 を参照して 1.3μm の波長を用いると光電流が発生しない理由を説明する．1.3μm の波長の光のエネルギーは 0.95eV であり，Si のバンドギャップエネルギー 1.12eV より小さい．また，不純物準位間の 1.03eV よりも小さい．このため電子・正孔対を発生せず，光電流は発生しない．

図 2.13 は 1.3μm の波長のレーザを用いた際には光電流による OBIRCH 効果の遮蔽はないことを示している．(a) の電流変化像に光電流の信号はなく，OBIRCH 効果による電流経路 (黒いコントラスト) と負の TCR 箇所 (白いコントラスト) が見える．

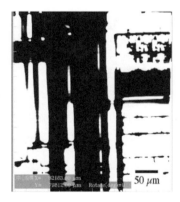　　

(a) 電流変化像　　　　　　　　　　(b) 光学像

図 2.11 光電流による OBIRCH 効果の遮蔽：633nm，表面側からの観測

第 2 章 シリコン集積回路(LSI)の故障解析技術

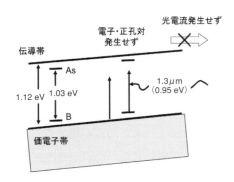

図 2.12　1.3μm の波長では光電流が発生しない理由

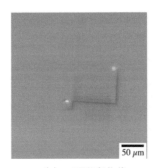

(a)　電流変化像　　　　　　　　　(b)　光学像

図 2.13　光電流による OBIRCH 効果の遮蔽なし：1.3μm，裏面観察

(2) IR-OBIRCHによる実デバイスの電流経路の可視化

図 2.14 に IR-OBIRCH を用いて実デバイス(配線 TEG でない)において異常電流経路とショート箇所の絞り込みができることを世界で初めて実証した実験結果を示す．ショート欠陥は FIB により作り込んだ．チップ全体から異常電流経路とその元になったショート欠陥を絞り込めることを示した．

(3) OBIRCHによるボイドや析出物の検出

図 2.15 に OBIRCH を用いて電流経路とボイドが可視化できることを世界で

2.4 チップ部の非破壊絞り込み手法

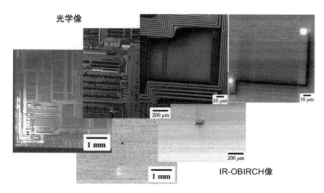

図 2.14　実デバイスでの異常電流経路とショート箇所絞り込み実証：世界初（1996）

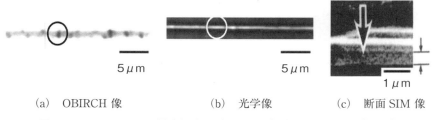

(a)　OBIRCH 像　　　　　(b)　光学像　　　　　(c)　断面 SIM 像

図 2.15　OBIRCH での電流経路とボイドの可視化実証：世界初（1993）

初めて実証した実験結果を示す．サンプルは配線 1 本のエレクトロマイグレーション試験用の TEG である．エレクトロマイグレーション試験で発生したボイドがどこに存在するかをパシベーション膜が付いたまま非破壊で検出する方法はそれまでなかった．OBIRCH を用いることでこれが初めて可能になった．図 2.15(a) の OBIRCH 像を見ると黒いコントラストの点が多数存在していることがわかる．この中から OBIRCH 像のコントラストは強いが図 2.15(b) の光学像ではコントラストが得られていない箇所（写真中丸印）を選んで，FIB での断面出しと断面観察を行った．図 2.15(c) がその結果の断面 SIM（Scanning Ion Microscope，走査イオン顕微鏡：FIB の顕微鏡機能）像である．配線の底部に微小なボイドが存在していることがわかる．

第 2 章　シリコン集積回路(LSI)の故障解析技術

　OBIRCHを用いるとボイドだけでなく析出物も検出できる．図 2.16 はOBIRCHを用いてAl中のSiの析出が可視化できることを世界で初めて実証した実験結果である．サンプルはAl-Si配線である．図 2.16(a)のOBIRCH像は通常と白黒を反転してある．黒丸で示したところに微細構造の異常コントラストが見える．図 2.16(a)と同じ箇所を同じ倍率で表面からSEM観察した像が図 2.16(b)である．特に異常な点は見られない．そこで，(b)の左側に1から11で示した箇所の断面出しをFIBで行い，SIM像での観察を行った．その内，3番目と10番目の断面で(c)に示すようにSiの析出が見られた．

　OBIRCHを用いると単純な配線中のボイドだけでなく多層配線のビア下のボイドも検出できる．図 2.17 はOBIRCHを用いてビア下のボイドが可視化できることを示した例である．サンプルは直線状のビアチェーン(2層の上下配線を交互にビアで接続したもの)である．エレクトロマイグレーション試験の結果OBIRCH像で最もコントラストの強い箇所(図 2.17(a)の黒丸部)の断面をFIBで出しSIM像で観察したのが図 2.17(b)である．図 2.17(b)ではビアの下に大きなボイドができている．このような大きなボイドでもOBIRCH以外の

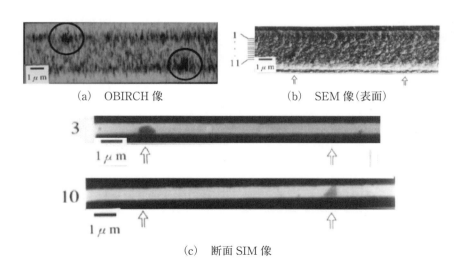

(a)　OBIRCH像　　　　　(b)　SEM像(表面)

(c)　断面SIM像

図 2.16　OBIRCHでのAl中Si析出可視化実証：世界初(1995)

2.4 チップ部の非破壊絞り込み手法

方法を用いた場合，非破壊で検出するのは非常に困難である．このボイドは電流が流れていない箇所(ビア下の左側)にもできている．このようなボイドは応力勾配によりできたものである．詳細な説明は参考文献[1]の図1.21の説明を参照されたい．

OBIRCHでは光を用いているため空間分解能はサブミクロン程度が限界である．ただ分解せずに検出するだけならさらに小さなボイドも検出できる．図2.18にOBIRCHを用いて数十nmの小さなボイドを検出した例を示す．サンプルは長さ20mm，配線幅100nm，配線間間隔1μmのビアチェーンTEGである．図2.18(a)のOBIRCH像では全体が灰色に見える中，微細構造として黒い点々が多数見える．この中の1つ(黒丸印の箇所)の断面をFIBで出しSEM

(a) OBIRCH 像　　　　　　　　(b) 断面 SIM 像

図2.17　OBIRCH でのビア下のボイドの可視化

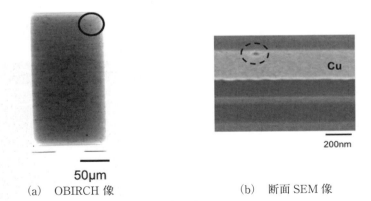

(a) OBIRCH 像　　　　　　　　(b) 断面 SEM 像

(出典)　Tagami et al., SEMI Japan Sympo. (2002).

図2.18　OBIRCH で銅配線中の極微小(数十 nm)ボイドが可視化できた例

第2章　シリコン集積回路(LSI)の故障解析技術

像で観察したのが図2.18(b)である．数十nmの小さなボイドが可視化できていたことがわかる．なお，このTEGでは配線幅は100nmであるが配線間隔を1μmと広めにし，OBIRCH像で配線間を分解できるようにしている．

(4)　IR-OBIRCHによる負のTCRを利用した高抵抗箇所の検出

OBIRCHで故障箇所絞り込みを行っていると白いコントラストの箇所が見られることがある．これらの箇所には高抵抗な遷移金属合金が形成されていることが多い．図2.19(a)にOBIRCHで高抵抗箇所が白いコントラストとして可視化される仕組みを示す．遷移金属合金においては抵抗率とTCR(抵抗の温度係数)の間には負の相関があり，抵抗率が100〜200μΩcm以上でTCRが負になる．LSIの故障箇所で高抵抗のところはTiやTaなどの遷移金属の合金が異常状態になったものが多く負のTCRを示す場合が多い．通常のOBIRCH装置の設定では正のTCR(CuやAl)は黒く表示するため，負のTCRの箇所は白く表示される．図2.19(b)はその一例で，Tiがアモルファス状態の高抵抗の合金を形成したため白いコントラストで示された例である．

図2.20はIR-OBIRCHを用いて実デバイスの高抵抗箇所の可視化が可能なことを世界で初めて実証した実験結果である．実デバイスを用いてFIBによりショート欠陥を作り込んである．(a)の光学像において右上から左下にかけて5本の配線が走っている．その内2カ所(黒丸で囲った箇所)を電源とGNDが

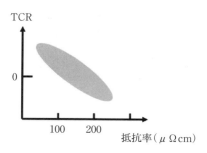

(a)　遷移金属合金の抵抗率とTCR

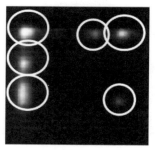

(b)　OBIRCH像

図2.19　高抵抗箇所が白いコントラストを示す理由と例

2.4 チップ部の非破壊絞り込み手法

(a) 光学像　　　　　　　　(b) IR-OBIRCH 像

図 2.20　IR-OBIRCH での実デバイス高抵抗箇所可視化：世界初（1996）

ショートするように FIB の W 堆積機能を用いて加工した．右上のショート箇所は (a) の光学像でも見える．電源・GND 間で観測した (b) の IR-OBIRCH 像ではショート箇所が白いコントラストとして可視化できている．FIB で堆積した W 部は Ga，O，C などとの合金になっていると考えられる．図 2.19(a) で示した相関により負の TCR を示したと考えると白いコントラストの説明が付く．

図 2.21 は OBIRCH を用いて TEM レベルでやっと解析可能な高抵抗箇所の可視化が可能であることを世界で初めて実証した実験結果である．2 層の Al 配線を Al のビアで接続しビアチェーンを構成した TEG である．正常な抵抗値を示すものでは図 2.21(a) のように電流経路が黒く見えている（低倍なのでほとんど分解されていないが）．異常（高抵抗）のものでは図 2.21(c) のように白いコントラストが多数見られる．図 2.21(a) と図 2.21(c) の黒丸で囲った箇所の断面を FIB で出し，TEM で観察したのが図 2.21(b) と図 2.21(d) である．両者で大きく異なるところは TiN と Al との界面部が正常品では多結晶であるのに対し，異常品ではアモルファス状になっている点である．このように TEM を使ってやっとわかる高抵抗箇所が OBIRCH で可視化できた初めての例である．もし OBIRCH がなければ，異常箇所が絞り込めず，高抵抗の原因も不明のままであったと思われる．

ボイドは必ずしも黒い微細構造として検出できるわけではない．図 2.22 は

第 2 章 シリコン集積回路(LSI)の故障解析技術

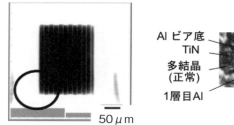

(a) 正常品の OBIRCH 像　　(b) 正常品の断面 TEM 像

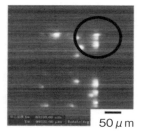

(c) 異常品の OBIRCH 像　　(d) 異常品の白コントラスト部の断面 TEM 像

図 2.21　TEM レベル高抵抗欠陥の可視化：世界初(1997)

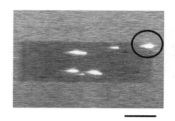
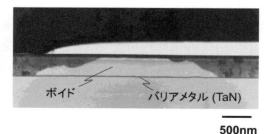

(a) IR-OBIRCH 像　　(b) 断面 TEM 像

(出典)　M. Tagami et al., IITC, IEEE (2001).

図 2.22　白コントラストでボイドを検出した例

100nm 幅配線において，高抵抗のバリア層を白いコントラストで可視化することで，ボイドを検出した例である．全長 9.8mm，幅 100nm，配線間隔 $1\mu m$

以上の銅配線 TEG である．この例ではボイドを検出するのに黒いコントラストは利用していない．ボイドができたために電流の経路となったバリアメタルが負の TCR を示すことを利用して白いコントラストで検出したのである．TaN は典型的な高抵抗の遷移金属合金である．配線幅は 100nm しかないが配線間隔が 1μm 以上あるため配線間が分解でき，断面を出す箇所が識別できた．

(5)　熱起電力効果を利用した高抵抗箇所の検出

　次に熱起電力により高抵抗箇所が検出できる仕組みを説明する．熱起電力はどのような金属でも半導体でも起きる（Seebeck 効果）．温度差により電流が流れる（電位が発生する）効果である．ただその効果は，欠陥がない場合はレーザビームが照射された両側で熱起電力電流は打ち消しあって外部からは観測できない．配線の一部に高抵抗の欠陥があるとこれが表面化して欠陥検出に利用できる．欠陥の両側で熱起電力電流の向きが逆になるため，電流変化像としては欠陥部の両側で白黒が反転したコントラストが得られるのが，熱起電力像の特徴である．OBIRCH 効果よりも小さな効果なので，電流をあまり流すと OBIRCH 効果に遮蔽されてしまう．無バイアスか微小バイアスで観測するのが望ましい．

　図 2.23 に TiSi 配線の欠陥における熱起電力像と TEM/STEM 像を示す．配線幅が 0.2μm の TiSi 配線の高抵抗欠陥部で図 2.23 (a) に示すような典型的な熱起電力コントラストが見られた．特に黒丸で示したところでは白黒のペアのコントラストがほぼ均等に見られる．この欠陥はこの後，図 2.23 (c) を参照して説明するように Ti が欠乏して Si だけになり高抵抗になった箇所である．(a)で白黒ペアの熱起電力コントラストを示した箇所の断面を FIB で出し，TEM と STEM での観察を行った．図 2.23 (b) に示す TEM 像で中央から左側では構造が崩れているが，中央から右側は正常で上部に TiSi 層，下部に多結晶シリコン層ができている．構造の崩れた箇所を STEM（暗視野）で観察したのが図 2.23 (c) である．暗視野 STEM 像では重い原子ほど明るく見える．ここでは Si と Ti しかないため，白い領域は Ti が豊富な箇所で，灰色の箇所は Ti が枯渇

第 2 章　シリコン集積回路(LSI)の故障解析技術

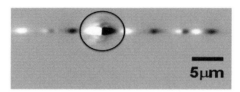

(a)　TiSi 配線の欠陥における熱起電力像

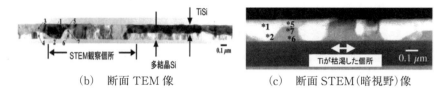

(b)　断面 TEM 像　　　　　　　(c)　断面 STEM(暗視野)像

図 2.23　TiSi 配線の欠陥における熱起電力像と TEM/STEM 像

した箇所である．このような Ti が枯渇した箇所ができたためこの配線は高抵抗になった．また，このような高抵抗な箇所が存在したため熱起電力コントラストが見られた．

(6)　ショットキー障壁の検出

以上はレーザビーム加熱を利用する方法であったが，次に示す方法はショットキー障壁での内部光電効果を利用する方法である．図 2.24 にショットキー障壁起因の内部光電効果が $1.3\mu m$ の波長のレーザを使うと観測できる仕組みとその特徴を示す．波長 $1.3\mu m$ のエネルギー 0.95eV は Si と金属の接触面にできるショットキー障壁の高さはより大きい．また，バンドギャップ(1.12eV)よりも小さい．このような条件を満たしているため波長 $1.3\mu m$ の光は Si 側からショットキー障壁に到達し，金属・Si(図 2.24 の場合は n 型)界面で電子を励起し，その電子は金属側から Si 側に流れ込む．このような原理で電流が流れるため，電流の流れには方向性があり，OBIRCH 装置の電流検出器を 2 端子のどちらに置くかでコントラストが逆転する．熱起電力像でも極性依存性が見られるが，通常の OBIRCH 像ではこのような極性依存性はない．

図 2.25 はショットキー効果と熱電効果が同一チップ内の同種の欠陥で見ら

46

2.4 チップ部の非破壊絞り込み手法

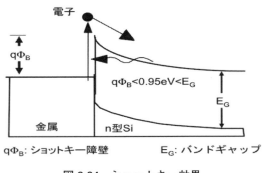

図2.24 ショットキー効果

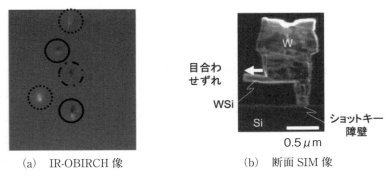

(a) IR-OBIRCH像　　　(b) 断面SIM像

図2.25 ショットキー効果と熱電効果が同一チップ内の同種の欠陥で見られた例

れた例である．図2.25(b)に示すようなマスクの目合わせずれが不良の原因であった．目合わせずれが原因のため同一チップの複数箇所で(b)のようなショートが起きていた．IR-OBIRCH像でみると図2.25(a)に示すように3種類のコントラストが見られた：実線の黒丸で示したような白黒ペア，点線の黒丸で示した白いコントラスト，一点鎖線の黒丸で示した黒いコントラストの3種類である．これは次のように解釈できる．図2.25(b)のショットキー障壁ができている箇所ではショットキー障壁に起因した効果と同時に熱起電力に起因した効果もみられるはずである．どちらの効果が大きいかで白黒のコントラストか，白だけか黒だけかがきまる．白だけになるか黒だけになるかはその場所が

●　●　　第2章　シリコン集積回路(LSI)の故障解析技術

OBIRCH 観測システムのどの端子と接続されているかできまる：複雑な回路の一部なので，どちらも多数存在する．

(7)　IR-OBIRCH におけるトランジスタ・回路の温度特性応答

最後の OBIRCH の機能として回路やトランジスタの温度特性を反映したコントラストを見る機能が上げられる．トランジスタの場合は単純にトランジスタの温度特性が表れるだけであるが，回路が関係してくると少し複雑になる．紙数の都合でここでは説明できないので，興味のある方は参考文献[1]図 2.40, 表 2.10 とその説明を参照されたい．

OBIRCH を利用する際には以上に述べた効果のどれが表れているかを見きわめることが重要である．

(8)　IR-OBIRCH装置とLSIテスタとのリンク

ここまでは LSI チップの任意の 2 端子のみを用いて IR-OBIRCH 装置で観測する方法について述べてきた．ここでは LSI テスタとリンクすることでより複雑な解析を行う方法について述べる．LSI テスタとのリンク方法は静的な方法と動的な方法がある．静的な方法では LSI をある状態に設定した後で IR-OBIRCH 観測を行う．動的な方法では LSI テスタでの合否判定結果を像として表示する．

①　静的なリンク

図 2.26 に IR-OBIRCH 装置と LSI テスタとの静的リンクの構成概念を示す．インバータの場合を例にとって説明する．IR-OBIRCH での観測前に LSI テスタで I_{DDQ}（Quiescent I_{DD}：準静的電源電流）で異常電流が流れるように LSI の状態をセットしておく．この例ではインバータの入力が Low の状態になるようにセットされている．トランジスタが正常に動作していれば p-MOS はオン状態で n-MOS はオフ状態で電流は流れないが，欠陥があると，電流は欠陥を通して流れる．これが I_{DDQ} 異常を見つけることで欠陥のある LSI を区別できる原理である．IR-OBIRCH での観測はこのような状態に設定しておいてから

2.4 チップ部の非破壊絞り込み手法

行う.そうすることによって,そのLSIチップ内のどこに欠陥があるかも検知できる.

図2.27にIR-OBIRCHをLSIテスタと静的にリンクすることで,配線ショートが検出された例を示す.ファンクション不良品においてI_{DDQ}異常電流が流れるテストパタンをセットし,IR-OBIRCH観測を行った.(a)が光学像,(b)が同一視野のIR-OBIRCH像である.図2.27(b)中に黒丸で示すような白いコ

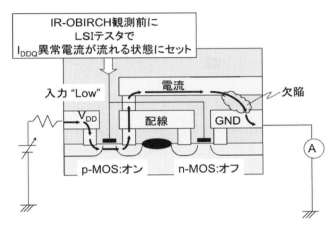

図2.26　IR-OBIRCH装置とLSIテスタとの静的リンクの構成概念

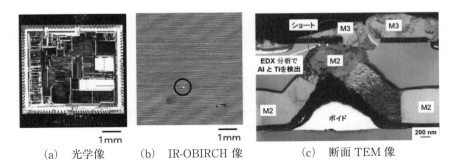

(a)　光学像　　(b)　IR-OBIRCH像　　(c)　断面TEM像

(出典)　森本他,LSIテスティングシンポジウム(2000).

図2.27　IR-OBIRCHのLSIテスタとの静的にリンクで配線ショートが検出された例

49

ントラストが見られた．この箇所の断面を FIB で出し，TEM（Transmission Electron Microscope：透過電子顕微鏡）で観察したのが図 2.27(c) である．丸で囲った箇所でショートしていることがわかる．このショート箇所を EDX（Energy Dispersive X-ray Spectroscopy：エネルギー分散型 X 線分光法）で分析したところ Al と Ti が検出された．このような高抵抗の遷移金属合金ができていたため IR-OBIRCH で白いコントラストとして観測されたことがわかった．

ファンクション不良を示す LSI の多くは I_{DDQ} 異常を示すといわれている．したがって，ここで示した IR-OBIRCH 装置と LSI テスタとの静的なリンクを行うことで，ファンクション不良の多くを解析することができる．

② 動的なリンク

図 2.28 に IR-OBIRCH 装置と LSI テスタとの動的リンクの構成概念を示す．このような構成は RIL（Resistive Interconnection Localization）とか SDL（Soft Defect Localization）とか呼ばれているが両者の呼称の違いは解析結果からの命名であり，どちらもセットの基本構成は同じである．本書では SDL という呼称を主に用いる．IR-OBIRCH 装置をベースにして LSI テスタからテストパ

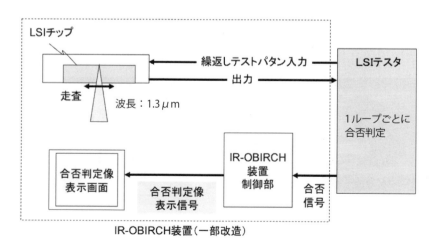

図 2.28　IR-OBIRCH 装置と LSI テスタとの動的リンクの構成概念

2.4 チップ部の非破壊絞り込み手法

(a) SDL 像と光学像の重ね合わせ　　　(b) 断面 TEM 像

(出典)　NEC エレクトロニクス㈱加藤氏，和田氏提供

図 2.29　動的リンクで絞り込み，配線系の欠陥が検出された例(口絵参照)

タンを LSI に入力する点までは静的な方法と同じである．異なるのはテストパタンを繰返し入力することと，その繰返しのたびに LSI テスタで合否を判定して判定結果を像表示に用いることである．例えば，合なら明，否なら暗と画素ごとに表示する．このような方法をとるため，レーザビーム走査が１画素分を通過する間にテストパタンが１ループ分回って合否判定を行えばもっとも効率的である．ただ，必ずしもそのような同期がとれていなくても走査を何回も行うことで有効な像が得られることも示されている．

図 2.29 に IR-OBIRCH 装置と LSI テスタとの動的リンク構成で絞り込み，配線系の欠陥が検出された例を示す．図 2.29(a)が合否判定像(SDL 像)と光学像を重ね合わせた結果である．その後，その情報を元に IR-OBIRCH で絞り込みを行った箇所の断面を FIB で出し，TEM で観察した結果が図 2.29(b)である．M3(3 層目配線)とビアの接続箇所が異常な状態になっていることがわかる．解析内容の詳細は参考文献[1]の 3.2.6 節を参照されたい．

(9)　IR-OBIRCH 関連の技術

①　レーザ走査顕微鏡

OBIC(Optical Beam Induced Current)，OBIRCH などに共通の基盤となる手法であり，エミッション顕微鏡においてもレーザ走査顕微鏡をベースにした

第2章 シリコン集積回路(LSI)の故障解析技術

システムが普及している．

② 固浸レンズ(SIL：Solid Immersion Lens)

SIL技術はSiの屈折率が大きいことを巧みに利用し，大きなNA(Numerical Aperture，開口数)を得，Si基板の裏側からの観測で$0.2\mu m$以下の空間分解能が得られる技術である．他の光学顕微鏡利用手法にも共通して利用可能な技術である．

図2.30にSILの構成と仕組みの概略を示す．図2.30(a)はSILがない場合，図2.30(b)がSILを使用した場合の構成である．ともにチップの裏側からレーザを入射している．SILの説明に入る前に空間分解能の定義を説明しておく．

図2.31は空間分解能の2種類の定義である．図2.31(a)は2点がかろうじて

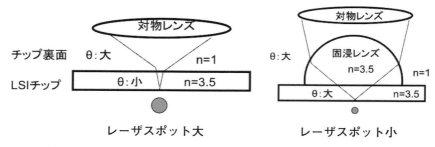

(a) 固浸レンズがない場合の構成　　(b) 固浸レンズを使用した場合の構成

図2.30　固浸レンズの構成と仕組み

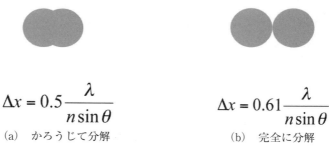

図2.31　空間分解能の2種類の定義

分解できている場合，図 2.31(b) は 2 点がほぼ完全に分解できている場合である．ここで，Δx は空間分解能，λ は波長，n は屈折率(Si は 3.5，空気は 1)，θ は入射光の集光半角である．ここでは(a)の式を用いる．図 2.30 に戻って，SIL の効果の説明を行う．図 2.30(a) の SIL がない場合にはレンズからの θ が大きくても空中から Si 中に入る際に屈折し，Si チップ中では θ が小さくなる．このため n は 3.5 と大きいが $\sin\theta$ が小さいため空間分解能はよくならず，空気中で観測するときと同じである．一方図 2.30(b) の SIL がある場合は，θ が大きいまま集光できる．このため Si の屈折率 3.5 の値と大きい θ の値が両方生かせ，空間分解能は向上する．

　Si 基板の裏側を加工して SIL を製作し理論的分解能が得られることを確認した実験の結果を図 2.32 に示す．SIL と Si 基板との界面がないため，理想的な結果が得られた．図 2.32(a) は SIL を利用して 1.3μm の波長のレーザで観察した結果，図 2.32(b) は同様の箇所を SEM で観察した結果である．SIL を用いることで line/space（ライン・アンド・スペース）= 0.9μm/0.9μ が分解できている．ちなみに，図 2.31(a) の式を用い，波長 1.3μm，屈折率 3.50，$\sin\theta=1$ を入れると 0.19μm が得られ，この実験では理論的な空間分解能が得られていたことがわかる．

 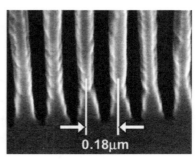

　　　(a)　固浸レンズを用いた観察　　　　(b)　同様の箇所を SEM 観察

(出典)　Koyama et al. IRPS, IEEE (2003).

図 2.32　固浸レンズでの理論的分解能を達成

2.4.2 エミッション顕微鏡（PEM：Photo Emission Microscope）

故障箇所と関連して発光が起きる場合が多い．Si は間接遷移型半導体であるためキャリア再結合による発光の効率が悪い．他のメカニズムでの発光強度も非常に弱いため，発光を検出するにはエミッション顕微鏡と呼ばれる高感度の光検出顕微鏡が必要である．

(1) 発光のメカニズムと検出器の感度特性

発光には熱放射によるもの（温度がそれほど高くないため可視光成分は非常に弱いが，エミッション顕微鏡では見えるのでここでは発光と呼ぶ）と熱放射以外のものがある．図 2.33 に熱放射によらない 2 種類の発光メカニズムを示す．横軸は左の図が運動量，右の図が位置であり，縦軸はともにエネルギーである．Si は左の図のように伝導体の最下端と価電子帯の最上端が同じ運動量のところにない間接遷移型半導体であるため，バンド間でのキャリア再結合には運動量の変化も伴う必要があり効率が悪い．このキャリア再結合による発光が 1 つ目のメカニズムである．p-n 接合の順方向バイアスに伴う発光がその代表的なものである．2 つ目のメカニズムは電界で加速されたキャリアがフォノ

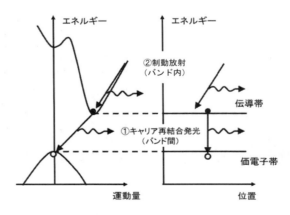

図 2.33　2 種類の熱放射によらない発光メカニズム

2.4 チップ部の非破壊絞り込み手法

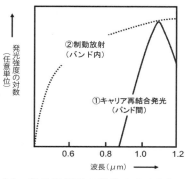
(a) 熱放射以外の発光のスペクトル

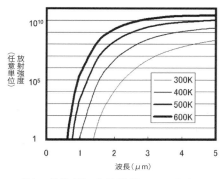
(b) 熱放射による発光のスペクトル

図 2.34 3 種類の発光メカニズムのスペクトル

ンなどで散乱される際のエネルギー緩和に伴う発光(制動放射)である．これはバンド内で起きる．p-n 接合の逆方向バイアスに伴う発光がその代表的なものである．

3 種類の発光メカニズムでの発光のスペクトルの概要を示したのが図 2.34 である．図 2.34(a) には熱放射以外の発光のスペクトルを，図 2.34(b) には熱放射の発光のスペクトルを示す．図 2.34(a)① に示すバンド間発光は $1.1\,\mu m$ を中心にほぼ正規分布をしている．一方図 2.34(a)② に示すバンド内発光は長波長側になるほど強度が増し，広い範囲にわたっている．図 2.34(b) には熱放射による発光のスペクトルを示す．温度が低くなると急激に弱くなることがわかる．

図 2.35 に C-CCD(Charge Coupled Device)(冷却 CCD) と，赤外域で感度が高い InGaAs 検出器の，感度の波長依存性を示す．図 2.35 からわかるように，C-CCD では赤外域は 1100nm 程度までしか感度がないのに対して，InGaAs では 900nm 程度から 1700nm 程度まで感度がある．

(2) 発光源

発光はどこでどのような状態で起きるかを対応する発光のメカニズムとともに分類して表 2.4 に示す．

第2章 シリコン集積回路(LSI)の故障解析技術

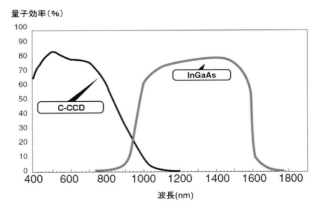

(出典) 浜松ホトニクス㈱提供

図 2.35 C-CCD と InGaAs 検出器の感度の波長依存性

表 2.4 発光源と発光メカニズムの対応一覧

制動放射 (バンド内発光)	空間電荷領域	p-n 接合逆方向バイアス
		p-n 接合リーク電流
		飽和領域の MOS トランジスタ
		ESD 保護素子のブレイクダウン
		活性モードのバイポーラトランジスタ
	電流集中	ゲート絶縁膜の欠陥,リーク電流
	F-N 電流	ゲート絶縁膜のリーク電流
バンド間キャリア再結合発光 (バンド間発光)		p-n 接合順方向バイアス
		飽和モードのバイポーラトランジスタ
		ラッチアップ
熱放射		各種ショート
		高抵抗箇所

① 制動放射:バンド内発光

バンド内発光のメカニズムによる発光源としては空間電荷領域でのキャリアの電界加速によるもの,電流集中によるもの,F-N(Fowler-Nordheim)トンネル電流によるものがある.空間電荷領域での発光が最も多く,p-n 接合逆方向

2.4 チップ部の非破壊絞り込み手法

バイアスによるもの，p-n 接合リーク電流によるもの，飽和領域の MOS トランジスタによるもの，ESD（Electro Static Discharge：静電気放電）保護素子のブレイクダウンによるもの，活性モードのバイポーラトランジスタによるものがある．電流集中によるものはゲート絶縁膜の欠陥，ゲート絶縁膜リーク電流によるものである．F-N トンネル電流によるものはゲート絶縁膜のリーク電流である．

図 2.36 には代表的な発光である飽和領域の MOS トランジスタの発光例を示す．光学像に発光像を重ね合わせたものである．図 2.36(a) は寸法が大きくかつ遮るものがない場合の例で，白丸で囲った中の黒い両矢印の線で示した箇所の左側の白い太線のように見える部分が発光部である．このようにトランジスタの寸法が大きくかつ遮る配線などが上部にない場合はドレイン部に対応して細長い線状に発光する．一方，トランジスタが小さい場合や，大きくても上部の配線などで光が遮られている場合は線状には見えない．図 2.36(b) がその例である．白丸を付けた 5 カ所の MOS トランジスタが飽和領域になり発光している．これらのトランジスタは共通の入力配線に接続されており，その配線がショート不良を起したために中間電位になり貫通電流が流れたものである．

② **キャリア再結合発光：バンド間発光**

バンド間キャリア再結合発光のメカニズムによる発光源としては p-n 接合順

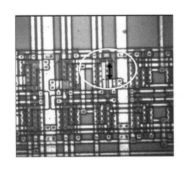
(a) 大きなトランジスタ

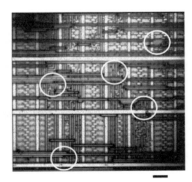
(b) 小さなトランジスタ

図 2.36　飽和領域の MOS トランジスタの発光例（口絵参照）

第 2 章　シリコン集積回路(LSI)の故障解析技術

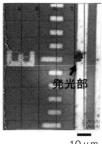

10μm
(a)　従来型の PEM での観察例　　(b)　InGaAs 検出器での観測例

図 2.37　熱放射による発光例（口絵参照）

方向バイアス，飽和モードのバイポーラトランジスタがある．p-n 接合順方向バイアスの特別な場合としてラッチアップがある．

③　熱放射

配線間ショートや配線の細りなどによる局所的抵抗増大の結果，ジュール熱が局所的に増大することによる熱放射である．図 2.37 に熱放射による発光例を示す．図 2.37(a)では Al 配線 TEG でのエレクトロマイグレーション試験で細くなったところがジュール熱で局所的に発熱し発光(熱放射)している．従来型のエミッション顕微鏡を用いて観測した．推定温度は 200℃である．図 2.37(b)の InGaAs 検出器での観測例は，実デバイスの配線間ショート箇所での発光(熱放射)である．光学像に発光像を重ね合わせた像である．この解析全体の詳細は参考文献[1]の 3.2.2 節を参照されたい．

(3)　時間分解エミッション顕微鏡（TREM: Time Resolved Emission Microscope)

ダイナミックに光を検出する方法を用いると MOS トランジスタが動作し飽和領域にある瞬間の光を検出することができる．像としてみる方法と固定点での変化をみる方法がある．最初に IBM のグループによって提案された際には PICA（Picosecond Imaging Circuit Analysis）と命名されたように像としてみ

るものであった．

2.4.3 EB テスタ（電子ビームテスタ，EBT：Electron Beam Tester）

　SEM（Scanning Electron Microscope：走査電子顕微鏡）をベースにした手法である．主な絞り込み手法の中で最も歴史が長い．1957年に Oatley と Everhart により電位コントラストが発見され，その11年後の1968年にダイナミックに電位コントラストを観察する手法であるストロボ SEM 法が Plows と Nixon により発明された．

　電位コントラストの仕組みを図 2.38 に示す．図 2.38 では簡単のために 2 本の配線の一方が 0V で，他が 3V の場合を示した．電子ビームが配線に照射されると 2 次電子が発生する．配線の平らなところから発生する 2 次電子の量は配線電位が同じであればどこにおいても一定である．ところが図の場合のように配線電位が異なると 2 次電子が検出器に到達する量に差が出てくる．2 次電子発生箇所電位が 0V の場合には障害なく 2 次電子検出器に到達するが，発生箇所の電位が 3V の場合は電界により引き戻されるため 2 次電子検出器に到達する量が減る．このため 2 次電子像では低電位ほど明るく，高電位ほど暗く表示される．

　ストロボ法を用いると任意の位相における電位分布像（ストロボ像）と任意の点における電位波形（ストロボ波形）が取得できる．

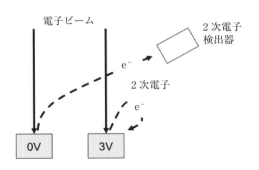

図 2.38　電位コントラストの仕組み

● ● ● 第2章 シリコン集積回路(LSI)の故障解析技術

観測したい箇所が事前にわかっている場合には，オシロスコープを用いるかのように LSI チップ上の電位を「テスト」できる．このような機能があるため，1980 年代以降は原理を強調したストロボ SEM という言葉はあまり使われなくなり，機能を強調した電子ビームテスタ(EBT)という名称の方が使われるようになった．（日本最大規模の故障解析関連の会議である「ナノテスティングシンポジウム」の前身の会議が「電子ビームテスティングシンポジウム」という名称で開始されたのは 1982 年である．）

EBT で電位が観測できるのは最上層の配線かその下の配線までである．このため LSI の多層配線化が進んで以降，非破壊での絞り込みには使用できなくなった．ただ，他の手段がない場合には，半破壊の絞り込み手段として使われている．

2.4.4　EOP/EOFM[10] ● ● ● ● ● ● ● ● ● ● ● ● ● ● ● ● ● ● ●

LVP/LVI と EOP/EOFM の基本原理は同じである．光として LVP/LVI ではレーザを用いるのに対して，EOP/EOFM では非コヒーレントな光を用いる点が異なるだけである．非コヒーレントな光を用いると，チップの裏面側から観測した際，チップ裏面側からの反射光とチップ表面側からの反射光の干渉縞なしで観測できるため，鮮明な像が得られる．参考文献[1]の執筆時点では EOP/EOFM が実用化されていなかったため，LVP/LVI に関する文献を参照し構成と事例を説明したが，本書では EOP/EOFM に関する文献を参照し構成と事例を説明する．

EOP/EOFM の構成の概念図を図 2.39 に示す．光ビームをチップ裏面側からドレイン部に照射し，その反射光の時間変化から波形を得るのが EOP，スペクトルのある波長範囲にゲートを設けて，光ビームを走査することで像を得るのが EOFM である．

図 2.40 に解析事例を示す．このサンプルはスクリーニングで不良になったもので，スキャンテストを含む複数のテストでフェイル判定されたものである．図 2.40(a)が故障診断の結果で，ネット 5, 6 が異常と診断された．図 2.40

2.4 チップ部の非破壊絞り込み手法

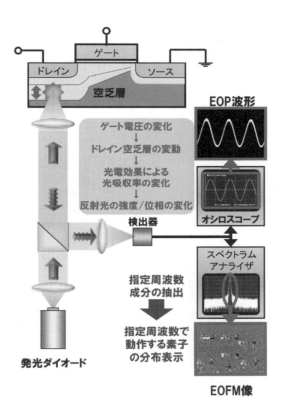

(出典) © ナノテスティング学会 2014, 内角哲人:「Electro Optical Probing/Electro Optical Frequency Mapping による 40 nm プロセス製品の裏面タイミング解析」, 第 34 回ナノテスティングシンポジウム会議録, p.224, 図 3 (2014).

図 2.39 EOP/EOFM の構成の概念図

(b)が EOFM 像で不良品と良品で異なるコントラストが見られた. 図 2.40(c) の EOP 波形を見ると, ネット 1, 4, 5 で異常が見られた. その箇所を EBAC (Electron Beam Absorbed Current)装置で観察した結果が図 2.40(d)で, ネット 5 と 6 で同じ EBIC (Electron Beam Induced Current)反応が見られたことから, その間のインバータ回路の内部でショートしていると推定された. 平面 SEM での観測の結果, NMOS のゲート・ソース間の異物によるショートが発見された (SEM 写真なし).

第 2 章　シリコン集積回路(LSI)の故障解析技術

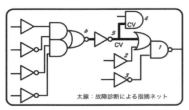

(a)　故障診断結果

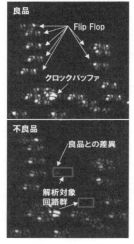

(b)　EOFM 像

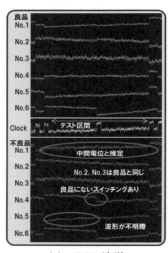

(c)　EOP 波形

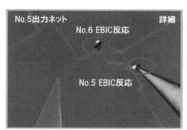

(d)　EBAC 観測

(出典)　©ナノテスティング学会2014，内角哲人：「Electro Optical Probing/ Electro Optical Frequency Mapping による 40 nm プロセス製品の裏面タイミング解析」，第 34 回ナノテスティングシンポジウム会議録，p.226，図 6,7,8,9（2014）．

図 2.40　EOP/EOFM による解析事例

2.4.5　その他 ●

（1）　液晶法

　正常な LSI チップでは，発熱はできるかぎり分散するように設計されている．したがって局所的に発熱している箇所は故障箇所である可能性が高い．エミッション顕微鏡（1986 年公表）も OBIRCH（1993 年公表，IR-OBIRCH は 1996 年）もなかった頃は，大気中で故障箇所絞り込みに適用できる方法はこの液晶法が代表的なものであった．（真空中で行う方法には SEM を用いた電位コントラスト法やその発展形である EB テスタ法があった．）

　LSI チップの上に液晶を塗布した後，LSI チップに電圧を印加し偏光顕微鏡で観察する．偏光顕微鏡といっても金属顕微鏡とそれに付属している偏光板を用いればよいだけである．偏光子と検光子を適当な角度にあわせると発熱箇所のみが暗く見える．これは発熱箇所の上の液晶が液体に相転移したからである．液晶部分では偏光は回転するが，液体部分では回転しないため，このように差が見える．

（2）　OBIC（Optical Beam Induced Current）

　光ビームを照射した際の光電流のことを OBIC と呼ぶ．裏面から照射して OBIC を発生させたい場合は，Si を透過しかつ光電流も発生する波長である 1064nm 付近の波長のレーザを用いる．p-n 接合部の欠陥の検出や絶縁膜のリーク箇所の検出だけでなく配線間ショートを絞り込んだ例も報告されている．光ビームの代わりに電子ビームを用いたのが EBIC である．

2.5

チップ部の半破壊絞り込み解析

　非破壊絞り込みと物理化学解析の間をつなぐ手法として，半破壊的ではあるが，非破壊絞り込み法よりも局所的に観測できる手法が用いられる．その代

● ● 第2章 シリコン集積回路(LSI)の故障解析技術

表的な手法としてナノプロービング法，電位コントラスト法，RCI(Resistive Contrast Imaging)法について述べる．

2.5.1 ナノプロービング法 ● ● ● ● ● ● ● ● ● ● ● ● ● ● ● ● ● ●

ある程度非破壊法で絞り込んだ後，上層の配線をすべて除去し，トランジスタとつなぐ電極(タングステン・プラグ)のみを残した状態で，細い針でプロービングし，電気的特性を計測する方法である．SEM 中の SEM 像をモニタしながらタングステン製の針をプロービングする方法と，SPM の針でプロービングする方法がある．前者はプロービングを同時モニタできるが後者ではできない．後者はサンプルを大気中に設置したまま計測できるが，前者はサンプルを真空中に設置する必要がある．

2.5.2 電位コントラスト法 (Voltage Contrast, VC) ● ● ● ● ● ● ●

SEM で電位コントラストが得られる仕組みは EB テスタの項で図 2.38 を用いて説明したのでここでは省略する．上述の SEM ベースのナノプロービング法などのプロービングと組み合わせて用いることでより有効な解析法となる．

FIB でも同様の原理で電位コントラストが得られる．電位コントラストを得るには FIB の方が有利な点もある．すなわち，チャージアップ(電荷蓄積)により電位コントラストが得られなくなった場合，FIB ではチャージを逃がすための加工が簡単にできる．

2.5.3 RCI(EBAC)法 ●

電子ビームをサンプルに照射すると電子の一部は GND に流れ込む．これは吸収電流と呼ばれている．金属針でプロービングしているとその金属針にも電流は流れる．どこにどの程度の電流が流れるかはビーム照射位置と GND や金属針までの抵抗値などによって決まる．金属針に流れ込む電流を，電子ビームを走査しながら像にする方法は RCI 法と呼ばれている．RCI 像を見ることで高抵抗や断線，ショートやリークの位置を絞り込むことができる(日本では最

2.5 チップ部の半破壊絞り込み解析

近になってこの方法が再発見され，EBAC と呼ばれているが，最初の提案者の命名を使用するのが正当かと思うので，本書では RCI という名称を前面に出す．EBAC という名称に慣れた読者のためにこのように注釈を記す）．

2.5.4 EBIRCH（Electron Beam Induced Resistance CHange）[11]-[14]

OBIRCH の電子ビーム版である．光ビームの代わりに電子ビームで加熱する以外は OBIRCH とまったく同じ原理である．基本原理実証結果と TEG への適用結果は筆者が 25 年前に発表していた[11][12]．最近，Intel から実デバイスへの適用結果が発表された[13]．電子ビームを用いるので空間分解能は高いが，OBIRCH のような非破壊での解析は無理で，半破壊解析になる．

図 2.41 を基に EBIRCH で配線間ショートを検出した例を説明する[14]．サンプルは Intel の Valleyview（22 nm）チップで，電源・GND 間が 3.9 kΩ でショートしていたものである．欠陥の一層上まで剥離して観測した．図 2.41(a) に EBIRCH 像と SEM 像の重ね合わせ像を示す．図 2.41(b) は上層配線を剥離した後 SEM 観察した結果である．図 2.41(a) では最高空間分解能はわからないが，数 nm の値が報告されている．

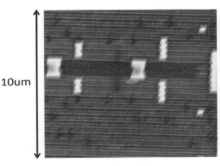 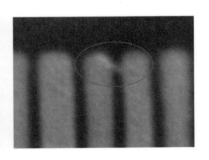

(a)　EBIRCH+SEM 像　　　(b)　上層配線を剥離後 SEM 観察

（出典）© ナノテスティング学会 2017, 茂木 忍：「ショート不良化箇所絞り込み機能 EBIRCH」，第 37 回ナノテスティングシンポジウム会議録，p.115, 図 4,5（2017）．

図 2.41　EBIRCH で配線間ショートを検出した例（口絵参照）

2.6
物理化学的解析手法

図 2.5 の手順④で用いる手法(物理化学的解析手法)を図で一覧できるようにしたのが図 2.42 である.

2.6.1 FIB(集束イオンビーム)

FIB(集束イオンビーム)装置で,現在最もよく使われているのが Ga イオンを用いた装置である.

(1) FIBの基本3機能

FIB には多くの応用がある.その多くの応用を可能にした基本的な 3 つの機能を図 2.43 に示す.図 2.43(a)に示すスパッタリング機能,図 2.43(b)に示す金属・絶縁膜堆積機能,図 2.43(c)に示す観察機能がその基本 3 機能である.図 2.43(a)に示すように,細く絞った Ga イオンをサンプルに照射すると,照射された箇所にあった原子やクラスターが飛び出してくる.この効果により,

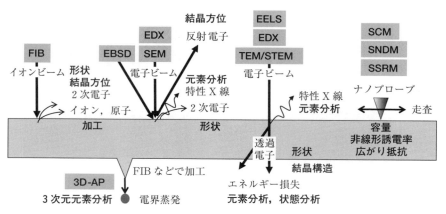

略語のフルスペル,対応日本語などは「第 2 章の略語一覧」参照

図 2.42 物理化学的解析手法の一覧

2.6 物理化学的解析手法

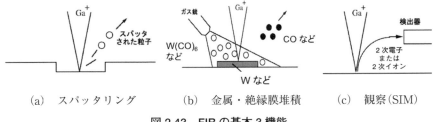

(a) スパッタリング　　(b) 金属・絶縁膜堆積　　(c) 観察（SIM）

図 2.43　FIB の基本 3 機能

微細加工が可能になる．図 2.43(b) に示すように，$W(CO)_6$ などのアシストガスを噴きつけながらイオンを照射すると，照射した箇所に金属や絶縁物が堆積される．この機能とスパッタリング機能を組み合わせることで，断面出しや配線修正など多くの種類の加工が可能になる．図 2.43(c) に示すように，イオンビームを走査しながら照射位置から出てきた 2 次電子や 2 次イオンを検出しその強度を像にすることで，SIM（Scanning Ion Microscope：走査イオン顕微鏡）像が得られる．SIM 機能があることで，加工をモニタしながら行える．

(2)　FIBの多彩な機能

　FIB の多彩な機能はおおきく 3 つに分類できる．①断面出しとその場観察，②他の解析法の前処理（TEM 試料作製など），③多結晶金属の結晶粒（グレイン）微細構造観察，である．この順に説明する．

①　断面出しとその場観察

　断面出しとその場観察の手順を図 2.44 に示す．まず，図 2.44(a) に示すように，断面を出したい箇所に C や W などを堆積する．これは断面を出した際，その縁が崩れないようにするためである．その後，図 2.44(b) に示すように断面出しを行う．短時間で行うためには，見たい断面から離れたところは浅く掘る．また，最初はビーム電流を多くすることで掘るスピードを上げ，最後にビーム電流を少なくして精細に仕上げる．断面が出たら，イオンビームが照射される上方から見えるように試料を傾けて，図 2.44(c) に示すように SIM 観察を行う．

第2章 シリコン集積回路(LSI)の故障解析技術

図 2.45 がこのような方法で工程不良品の断面出しとその場観察を行った例である．図 2.45(a)に示すように光学顕微鏡では黒点としか見えなかった箇所（図 2.45 中「ピンホール」と表示）で，図 2.45(b)に示すようにショートが起きていることを発見した（世界初の FIB の故障解析への応用例）．

本書の断面 SIM 像はすべてこのような方法で観測したものである．

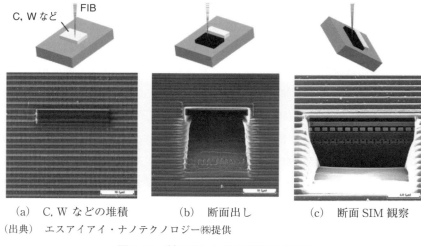

(a)　C, W などの堆積　　(b)　断面出し　　(c)　断面 SIM 観察

（出典）　エスアイアイ・ナノテクノロジー㈱提供

図 2.44　断面出しとその場観察の手順

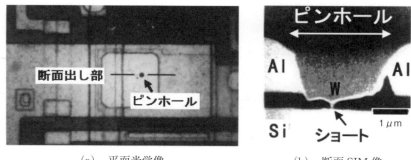

(a)　平面光学像　　(b)　断面 SIM 像

図 2.45　FIB 断面出しとその場観察の工程不良への応用：世界初(1988)

2.6 物理化学的解析手法

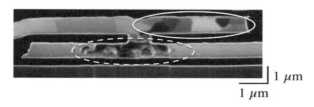

図 2.46 チャネリングコントラストによる結晶粒の観察

② 他の解析法の前処理：TEM 試料作製など

　SEM や TEM/STEM での断面や平面観察の際の試料の前処理，プロービングのためのパッドの引き出し，電位コントラスト観測の際の帯電防止のための加工など多くの用途がある．

③ 多結晶金属の結晶粒（グレイン）微細構造観察

　図 2.46 に FIB で断面を出し，SIM 像でその場観察した例を示す．このサンプルはエレクトロマイグレーション試験を行い，抵抗が増大した箇所をOBIRCH で検出し，その断面を FIB で出したものである．上層配線の実線の丸で囲った箇所で 10 個程度の結晶粒（それぞれが単結晶）が異なるコントラストで見えている．このようなコントラストはチャネリングコントラストと呼ばれている．このコントラストの違いの原因は Ga イオンが表面付近でどれだけ2 次電子を放出したかの違いによる．2 次電子の放出量の違いは結晶方位の違いによる．Ga イオンから見て密な結晶方位では 2 次電子が多く放出され，明るく見え，粗な結晶方位では 2 次電子の放出量は少なく，暗く見える．

　一方下層配線の点線の丸で囲った箇所ではボイド（穴）がコントラストの違いで見えている．これは形状の違いによる 2 次電子の放出量を反映したものである．

2.6.2　SEM（走査電子顕微鏡）

　SEM の主な機能は形状の観察と電位の観察である．
　図 2.47 を参照して SEM で表面形状が観察できる仕組みを説明する．図 2.47

● ● 第2章　シリコン集積回路(LSI)の故障解析技術

に示したように2次電子の脱出深さは，1次電子ビームに垂直な面でも斜めの面でも，表面からの距離が同じで，数 nm 程度である．したがって，図 2.47 を見ればわかるように，1次電子ビームが脱出深さを通る距離は，ビームに垂直な面より，斜めの面の方が長くなる．その結果，ビームと垂直な面より斜めの面からの方が多くの2次電子が真空中に飛び出す．これがコントラストとなり，凹凸として認識される．

図 2.48 に SEM 像の例を示す．図 2.48(a)は，金メッキした銅リード間に，電気化学的マイグレーションで成長したデンドライトの SEM 像である．図 2.48(b)は，エレクトロマイグレーションにより発生したウィスカの SEM 像である．

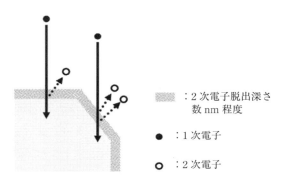

図 2.47　SEM 像表面形状が観察できる仕組み

　　(a)　銅のデンドライト　　　　　(b)　EM で発生したウィスカ

図 2.48　SEM 像の例

2.6 物理化学的解析手法

　SEMで電位コントラストが得られる仕組みはEBテスタの項で，図2.38を用いて説明したのでここでは省略する．

2.6.3　TEM（透過電子顕微鏡）/STEM（走査透過電子顕微鏡）

　TEMとSTEMでは通常はともにSEMより高い加速電圧（LSIの解析に使われるものは100～300kV）を用い，薄い試料（100nm程度）を電子ビームが透過する．TEMでは試料を透過後，結像し像を得る．STEMでは細く絞ったビームを走査し，透過電子か散乱電子を検出し像を得る．

　TEMの仕組みの概念を図2.49(a)を参照して説明する．図2.49では簡単のために電子光学系のレンズなどは省略した．図2.49に示すとおり試料に照射された電子ビームは試料を透過し，電子ビームが照射された試料部分の拡大投影像が検出系で得られる．図2.49(b)にTEM像の例を示す．形状だけでなく回折コントラスト（電子線回折に由来するコントラスト）も見られる．同じ領域を観察した図2.50(b)のSTEM像と比較すると違いがよくわかる．このTEM像を取得した背景などの詳細は，参考文献[1]3.4節にあるので参照されたい．

　次に，STEMの仕組みの概念を図2.50(a)を参照して説明する．ここでも簡単のためにレンズなどは省略した．TEMの場合よりもビームを細く絞り，そのビームの走査により像を得る．透過電子による像は明視野像，散乱電子による像は暗視野像と呼ばれる．通常のTEMでもSTEMモードが付いているものがあるが，最近ではSTEM専用機が利用されている．暗視野STEMの例を図2.50(b)に示す．形状だけでなく元素の違いによるコントラストが見られる．

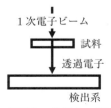　　　　　　　　　　

(a)　TEMの仕組みの概念図　　　　　(b)　TEM像の例

図2.49　TEMの仕組みの概念図とTEM像の例

第 2 章　シリコン集積回路（LSI）の故障解析技術

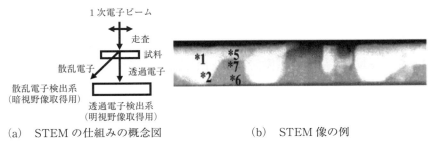

(a)　STEM の仕組みの概念図　　　　(b)　STEM 像の例

図 2.50　STEM の仕組みの概念図，STEM 像の例

この例では明るい箇所で Ti が多く，暗い箇所で Si が多い．TEM 像と異なり回折コントラストは見られない．図 2.49(b) の TEM 像と比較すると違いがよくわかる．この STEM 像を取得した背景などの詳細は，参考文献[1]3.4 節にあるので参照されたい．

2.6.4　EDX（エネルギー分散型 X 線分光法）

　EPMA（Electron Probe Microanalysis）の内，特性 X 線のスペクトルをエネルギー分散で分光する方法を EDX または EDS という．波長分散で分光する方法は WDX（Wavelength Dispersive X-ray Spectroscopy）という．EDX は SEM や TEM/STEM に取り付けて用いる．WDX は電子ビームの量が多くないと特性 X 線が検出できないので，LSI の故障解析にはあまり用いられない．

　X 線のエネルギースペクトルの一部のあるエネルギー範囲に窓を設け，電子ビームを走査したり，試料を走査したりすることで元素マッピングができる．

　元素マッピングなどでの EDX の空間分解能は SEM に取り付けた場合と TEM/STEM に取り付けた場合で異なる．分解能の差は試料の厚さと電子ビームの加速電圧に起因する．SEM に取り付けた場合は，加速電圧は低く（数〜数十 V），試料は厚いため，1 次電子ビームが試料に入射後，試料中で広がり，広がった全範囲から特性 X 線が発生し，それが（一部試料中で減衰するが）検出される．このため，特性 X 線の発生領域（最低でも 0.1 μm 程度）の約 0.1 μm

2.6 物理化学的解析手法

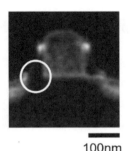 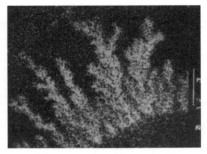

(a) STEM での As の EDX 像　　　(b) SEM での銅の EDX 像

図 2.51　STEM と SEM での EDX のマッピング像の比較

の分解能が限界である．一方，STEM に取り付けた場合は試料が 100nm 程度と薄い上に，電子ビームの加速電圧が 200〜300kV と高いため，電子ビームは試料中をほとんど広がらずに透過する．このため横方向は nm オーダの分解能が得られる．

EDX を SEM に取り付けた場合と STEM に取り付けた場合の元素マッピングの例を比較して図 2.51 に示す．図 2.51 (a) は STEM での As (砒素) の EDX 像，図 2.51 (b) は SEM での銅の EDX 像である．図 2.51 (a) は MOS トランジスタの断面で As をマッピングした例である．丸で囲った箇所で As が欠落していることがわかる．なお，この As マッピング像を取得した背景などの詳細は参考文献[1]図 2.60 の説明を参照されたい．図 2.51 (b) は銅が電気化学的マイグレーションによりデンドライト成長して，リーク不良を起こしたサンプルである．寸法表示がないが像の一辺が数十 μm 程度である．

2.6.5　EELS (Electron Energy Loss Spectroscopy：電子エネルギー損失分光法)

電子ビームが試料を透過する際のエネルギー損失のスペクトルから元素同定や化学状態分析を行う．EDX よりも軽い元素に対して感度が良いことや，エネルギー分解能が高いため化学状態分析もできることなどから，最近では日常の故障解析にも使われるようになってきている．TEM/STEM に取り付けて用いる．分析事例は参考文献[1]の図 2.73 とその説明を参照されたい．

第2章 シリコン集積回路(LSI)の故障解析技術

2.6.6 AES(Auger Electron Spectroscopy：オージェ電子分光法)

試料が厚い場合には前述のように EDX では(平面方向，深さ方向とも)高々 0.1μm 程度の空間分解能しか得られない．1nm から 100 nm 程度のごく表面を分析したいときには AES を用いればよい．オージェ電子は発生エネルギーが低くいので，ごく浅いところからしか脱出できないため，極表面の分析ができる．横方向の分解能は電子ビーム径で決まるが，深さ方向の分解能は EDX より小さい数 nm～数十 nm の値が得られる．オージェ電子発生の仕組みや分析事例などは参考文献[1]の図 2.74 とその説明を参照されたい．

2.6.7 SSRM(Scanning Spreading Resistance Microscope：走査拡がり抵抗顕微鏡)[15]

SPM(Scanning Probe Microscope：走査プローブ顕微鏡)の一種で，プローブと試料裏面との間の拡がり抵抗を像表示する．空間分解能が高く(nm 程度)，不純物検出濃度測定範囲も広い($10^{15}-10^{20}\mathrm{cm}^{-3}$)．最近，実用化が進み，故障解析にも使われるようになってきた．

図 2.52 で構成と適用事例を説明する．

図 2.52(a)に示すように FIB で切り出したサンプルの裏面に電極を付け，観測面をダイアモンドコートした Si プローブで走査する．図 2.52(b)に示す事例は SRAM(Static Random Access Memory)実回路における不良ビット素子の直接観測である．不良ビット pMOS では正常品に対して約 0.4V の閾値上昇が見られた．それまで TEM や SEM による物理化学的解析が行われたが，拡散層の様子がわからないため，不良のメカニズムが解明できないでいたものである．60nm 以下のゲート幅のものである．図 2.52(b)の SSRM 像を見ると不良ビットでは pn 接合領域が pMOS の下まで延びてキャリアが空乏化している様子がわかる．TCAD(Technology Computer Aided Design)でのシミュレーションの結果，図 2.52(b)の下のモデル図のように P の異常拡散が起きていることが推測された．この結果を元に P イオン注入マスク位置を調整することにより歩留りが改善された．

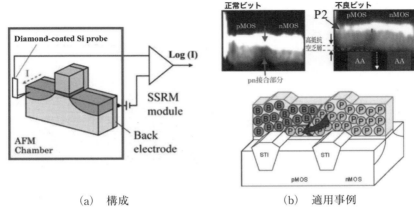

(a) 構成　　　　　　　　(b) 適用事例

(出典) © ナノテスティング学会 2014, 張 利:「特定箇所高空間分解能 SSRM による Si デバイスの評価とその課題」, 第 34 回ナノテスティングシンポジウム会議録, p.286, Fig.1; p.287, Fig.6 (2014).

図 2.52　SSRM の構成と適用事例

2.6.8　SNDM(Scanning Nonlinear Dielectric Microscope:走査非線形誘電率顕微鏡)[16][17]

SPM の一種で,10^{-22}F というごく微小な静電容量変化に対して検出感度がある.PN の区別が容易で,空間分解能も高く(nm 前後),不純物検出濃度測定範囲も広い($10^{13}-10^{20}$cm^{-3}).最近,実用化が進み,故障解析にも使われるようになってきた.

図 2.53 で構成と適用例を説明する.図 2.53(a)を見ていただきたい.容量の変化を LC 自励発振器の発振周波数の変化に変換し,FM 復調器により周波数を電圧信号に変換した後,ロックインアンプで検波する.FM 方式をとっているためノイズに強い.また構成回路を物理的に探針近傍に配置することにより寄生成分を抑え,最高感度は約 10^{-22}F を実現している.測定事例としては n 型半導体で $5×10^{13}$atoms/cm^3 台の観測結果が報告されている

次に,図 2.53(b)の適用事例について説明する.トランジスタの特性異常品の解析である.上の図にあるようにポリシリコンゲートは pMOS と nMOS で

第 2 章　シリコン集積回路（LSI）の故障解析技術

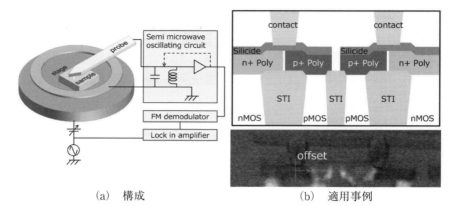

(a) 構成　　　　　　　　　　(b) 適用事例

（出典）　© ナノテスティング学会 2017，太田 和男：「走査型非線形誘電率顕微鏡測定技術の故障解析への応用」，第 37 回ナノテスティングシンポジウム会議録，p.272，Fig.1，p.275，Fig12,13（2017）．

図 2.53　SNDM の構成と適用事例

共有され，ポリシリコンゲートに不純物が注入される．このサンプルでは，pMOS トランジスタ上まで nMOS 不純物が異常拡散している様子が見られた．

2.6.9　3D-AP（Three Dimensional Atom Probe：3 次元アトムプローブ）[18]

図 2.54 で基本構成と解析事例を説明する．

図 2.54(a) に基本構成を示す．針状に加工したサンプル先端を 100nm 以下に尖らせ，超高真空中で先端に電圧をかけ，さらにパルス電圧をかけることで，先端から原子一個一個をイオン化し蒸発させる（電界蒸発）．サンプルが位置敏感検出器に到着するまでの時間（TOF：Time Of Flight）を計測する．TOF で求めた原子種と検出器で捉えた原子の位置をコンピュータで再構築して 3 次元的に表示する．電界蒸発のトリガを，パルスレーザで行うことにより，半導体や薄い絶縁体にも適用可能になったため，半導体デバイス中の不純物分布の解析も可能になった．ただ，確実に一個のサンプルで分析が成功するまでには至っていない．

図 2.54(b) に示す適用事例は市販のデバイス 2 種である．厚い絶縁体を避け

2.6 物理化学的解析手法

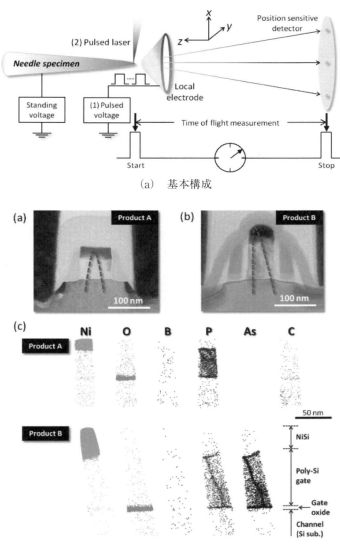

(a) 基本構成

(b) 解析事例

（出典）© ナノテスティング学会 2015，清水 康雄：「半導体デバイス中のドーパント分布解析に向けた 3 次元アトムプローブの利用」，第 35 回ナノテスティングシンポジウム会議録，p.288, Fig.1(a), p.290, Fig.5 (2015)．

図 2.54　3D-AP の基本構成と解析事例

てサンプリングし，3D-AP で解析した結果である．NiSi，多結晶 Si ゲート，ゲート酸化膜，Si 基板を含んだサンプルの，Ni, O, P, As の分布の様子がわかる．今後故障解析への適用が普及することを期待する．

コラム

何と呼べばいいの？

　同じ手法が 2 つの名前で呼ばれているものがあります．その理由は？

(1) OBIRCH と TIVA

　日本では OBIRCH と呼んでいますが，米国では TIVA と呼ぶ場合も多いのです．その理由は当事者(OBIRCH の発明者)の筆者が最も正確に把握していると思います．当初 OBIRCH の抵抗変化は定電圧印加・電流変化測定方式をとっていました．その後，米国から定電流印加・電圧変化測定の方が感度がよい，それを TIVA と呼ぶ，という発表がありました．その後米国では，どちらの方式かによらず，TIVA と呼ぶことも多くなりました．実際には，どちらの方式がいいかは多くの要因に左右されるので，両方備えておき比較しながら観察すると最良の結果が得られます．

　さらにいえば，定電流印加・電圧変化測定方式も米国より筆者の方が先に発表していますので，TIVA という呼び方には正当性がありません．

(2) RCI と EBAC

　電子ビーム注入による吸収電流(EBAC)を用いて抵抗起因のコントラストを像にする(RCI)方法です．

　RCI という名称で 1980 年代に米国で発表されました．2000 年代に入ってから日本で再発見され EBAC と命名されました．筆者は EBAC の発表と同時に RCI が先だと指摘しました．だが，何故か今では，日本だけでなく世界的に EBAC とう名称の方が通っています．優先権でいうと当然 RCI なのですが……．

(3) MOCIとMOFM

　もともとEOFM装置を元にして考案された手法なので，考案者はMOFMと呼んでいました．本書の参考文献でもその名が使われていました．ただ，手法の中身にFMはどこにもないので，筆者を含め多くの人から「名前がおかしいな？」との声が上がっていました．その声を受けてかどうかわかりませんが，2018年になってから，考案者みずからMOCIと変更しました．

第2章の演習問題

問題1：パッケージ部の故障解析

次の手法のうち，パッケージ部の故障解析に使われるのはどれか？

(1)　PEM

(2)　TEM

(3)　LIT

(4)　OBIRCH

(5)　EBIRCH

問題2：チップ部の非破壊絞り込み手法

次の手法のうち，チップ部の非破壊絞り込みに使われるのはどれか？

(1)　STEM

(2)　SEM

(3)　AES

(4)　OBIRCH

(5)　SSRM

問題3：チップ部の物理化学的解析

次の手法のうち，チップ部の物理化学的解析に使われるのはどれか？

第2章 シリコン集積回路(LSI)の故障解析技術

(1) LIT

(2) OBIRCH

(3) PEM

(4) EBIRCH

(5) STEM

・演習問題の解答は，日科技連出版社のホームページよりダウンロードできます．
https://www.juse-p.co.jp/

故障解析関連会議の略称

・NANOTS：ナノテスティングシンポジウム

・LSITS：LSI テスティングシンポジウム（NANOTS の前身）

・ISTFA：International Symposium for Testing and Failure Analysis

・ESREF：European Symposium on Reliability of Electron Devices, Failure Physics and Analysis

・IPFA：International Symposium on the Physical and Failure Analysis of Integrated Circuits

・IRPS：International Reliability Physics Symposium

・JUSE-RMS：日本科学技術連盟　信頼性・保全性シンポジウム

故障解析関連学会の略称

・INANOT：NANO テスティング学会

・ILSIT：LSI テスティング学会（INANOT の前身）

・REAJ：日本信頼性学会

・EDFAS：Electronic Device Failure Analysis Society（ASM International）

・JSAP：応用物理学会

・IEICE：電子情報通信学会

第 2 章の略語一覧：1/2

略語	フルスペル	対応日本語など
3D-AP	three-Dimensional Atome Probe	3 次元アトムプローブ
AES	Auger Electron Spectrometry	オージエ電子分光
CCD	Charge Coupled Device	
CT	Computed Tomography	コンピュータ断層撮影
EBAC	Electron Beam Absorbed Current	電子ビーム吸収電流
EBIC	Electron Beam Induced Current	イービック
EBIRCH	Electron Beam Induced Resistance CHange	イバーク
EBT	Electron Beam Tester	電子ビーム(EB)テスタ
EDX または EDS	Energy Dispersive X-ray Spectroscopy	エネルギー分散型 X 線分光法
EELS	Electron Energy Loss Spectroscopy	電子エネルギー損失分光法
EOFM	Electro Optical Frequency Mapping	
EOP	Electro Optical Probing	
EPMA	Electron Probe Microanalysis	XMA ともいう.
ESD	Electro Static Discharge	静電気放電
FIB	Focused Ion Beam	集束イオンビーム
F-N	Fowler-Nordheim	
FTIR	Fourier Transform Infrared Spectroscopy	フーリエ変換赤外分光法
I_{DDQ}	Quiescent I_{DD}	準静的電源電流
IR-OBIRCH	InfRared OBIRCH	赤外利用 OBIRCH
LIT	Lock-In Thermography	ロックインサーモグラフィ
LVI	LaserVoltage Imaging	
LVP	LaserVoltage Probing	
MOCI	Magneto Optical Current Imaging	
MOFM	Magneto Optical Frequency Mapping	提唱者により MOCI に改名
NA	Numerical Aperture	開口数
OBIC	Optical Beam Induced Current	
OBIRCH	Optical Beam Induced Resistance CHange	オバーク，光ビーム加熱抵抗変動検出法

第2章　シリコン集積回路(LSI)の故障解析技術

第2章の略語一覧：2/2

略語	フルスペル	対応日本語など
PEM	Photo Emission Microscope	エミッション顕微鏡
PICA	Picosecond Imaging Circuit Analysis	パイカ
PKG	Package	パッケージ
QFN	Quad Flat No-leads package	
RCI	Resistive Contrast Imaging	抵抗性コントラスト像，EBAC に基づく．
RIL	Resistive Interconnection Localization	リル
SCM	Scanning Capacitance Microscope	走査容量顕微鏡
SDL	Soft Defect Localization	エスディーエル
SEM	Scanning Electron Microscope	走査電子顕微鏡
SIL	Solid Immersion Lens	固浸レンズ
SIM	Scanning Ion Microscope	走査イオン顕微鏡
SIP	System in Package	シップ，エスアイピー
SNDM	Scanning Nonlinear Dielectric Microscope	走査非線形誘電率顕微鏡
SOBIRCH	ultraSonic Beam Induced Resistance CHange	
SPM	Scanning Probe Microscope	走査プローブ顕微鏡，エスピーエム
SQUID	Superconducting Quantum Interference Device	超伝導量子干渉素子，スクウィド
SSRM	Scanning Spreading Resistance Microscope	走査拡がり抵抗顕微鏡
STEM	Scanning TEM	走査透過電子顕微鏡
T	tesla	テスラ
TCAD	Technology Computer Aided Design	
TCR	Temperature Coefficient of Resistance	抵抗の温度係数
TEG	Test Element Group	試験専用構造，テグ
TEM	Transmission Electron Microscope	透過電子顕微鏡
TIVA	Thermally Induced Voltage Alteration	正しくは，定電流 IR-OBIRCH
TOF	Time Of Flight	飛行時間
TREM	Time Resolved Emission Microscope	時間分解エミッション顕微鏡
VC	Voltage Contrast	電位コントラスト
WDX	Wavelength Dispersive X-ray Spectrometry	波長分散型 X 線分光法

第 2 章の参考文献

[1] 二川清：『新版 LSI 故障解析技術』，日科技連出版社，2011 年.

[2] 清宮直樹ほか：「発熱解析技術と高分解能 X 線 CT のコンビネーションによる完全非破壊解析ソリューションのご紹介」，*LSITS*，pp.199-202，2011 年.

[3] 松本徹ほか：「超音波刺激によるパッケージ内配線の電流変動観察」，*NANOTS*，pp.235-238，2016 年.

[4] 松本徹：「超音波刺激変動検出法：SOBIRCH」，*LSITS*, pp.97-100，2017 年.

[5] 松本徹ほか：「SOBIRCH のパッケージ故障解析への適応」，*NANOTS*，pp.7-12，2018 年.

[6] 中村共則：「MOFM：Magneto-Optical Frequency Mapping による電流経路観察と半導体故障解析への適用」，*NANOTS*, pp.249-254，2015 年.

[7] 中村共則ほか：「532 nm 光源と作動検出法による高感度 MOFM」，*NANOTS*, pp.225-228，2016 年.

[8] 松本賢和ほか：「Magneto-Optical Frequency Mapping を用いた半導体デバイス故障箇所特定手法の検討」，*NANOTS*, pp.229-234，2016 年.

[9] 松本賢和：「ファラデー効果を応用した Magneto-Optical Frequency Mapping 手法による電流経路可視化の検討」，*NANOTS*, pp.87-90，2017 年.

[10] 内角哲人：「Electro Optical Probing/ Electro Optical Frequency Mapping による 40 nm プロセス製品の裏面タイミング解析」，*NANOTS*, pp.223-228，2014 年.

[11] 二川清ほか：「レーザ・電子・イオンビーム照射加熱法を用いた配線電流像観測」，*LSITS*, pp.204-208，1994 年.

[12] K.Nikawa et al.,："LSI Failure Analysis using Focused Laser Beam Heating," ESREF1995, Microelectron. Reliab., Vol.37, No.12, pp1841-1847（1997）.

[13] B.A.Buchea et al.："High Resolution Electron Beam Induced Resistance Change for Fault Isolation with 100nm^2 Localization", *ISTFA*, pp.387-392（2015）.

[14] 茂木忍：「ショート不良化箇所絞り込み機能 EBIRCH」，*NANOTS*, pp.113-116，2017 年.

[15] 張利：「特定箇所高空間分解能 SSRM による Si デバイスの評価とその課題」，*NANOTS*, pp.285-289，2014 年.

[16] 長康雄：「走査型非線形誘電率顕微鏡」，*NANOTS*, pp.293-294，2015 年.

[17] 太田和男，「走査型非線形誘電率顕微鏡測定技術の故障解析への応用」，*NANOTS*, pp.271-276，2017 年.

[18] 清水康雄：「半導体デバイス中のドーパント分布解析に向けた 3 次元アトムプローブの利用」，*NANOTS*, pp.287-291，2015 年.

● ● 第2章　シリコン集積回路(LSI)の故障解析技術

　2011年以前の詳細な参考文献リストは，参考文献[1]の「参考文献」欄を参照されたい．

　図表を引用したものは図表のキャプションの後に出典を記載した．

第3章

パワーデバイスの
不良・故障解析技術

　Si パワーデバイスの実現により，パワーエレクトロニクスによる電力変換技術は飛躍的に向上した．自動車のモーター駆動，FA 機器やエアコンなどの家電のインバーター化，太陽光発電の普及は，Si パワーデバイスがあって実現した．Si パワーデバイスは，Si-LSI で培った微細化および低コスト化技術を適用することにより，急激に性能が向上，普及した．

　Si パワーデバイスの性能向上は，その限界に近づいているといわれ出した．そこで，材料物性的に Si よりもパワーデバイス用材料として優位なワイドギャップ半導体がにわかに注目され出した．ただし，ワイドギャップ半導体パワーデバイスには，Si デバイスと比較して克服すべき多くの課題が存在する．

　パワーデバイスは特有の構造のため，LSI とは異なる解析技術が必要である．ここでは，特にパワーデバイス特有の解析技術を中心に解説する．

3.1
パワーデバイスの構造と製造プロセス

3.1.1　パワーチップの構造

　Si-MOS 型 LSI では素子構造が形成されるのは，表面近傍の数μm 程度の領域であり，表面をチャネルとするデバイスを形成している．一方，パワーデバイスは，電流を縦方向に流すデバイスが主流である．図 3.1 にパワースイッチングデバイスとして最も広く用いられている Si-IGBT（Insulated Gate Bipolar Transistor）の断面構造を示す．Si-IGBT では，電流を縦方向に流すため，表面側にエミッタ層，裏面側にコレクタ層を形成している．表面側には，スイッチング信号入力のためのゲート電極を形成する．また，最近は，チップサイズ縮小とオン抵抗低減のため，パワー MOSFET とともにトレンチゲート構造が主流になっている[1]．

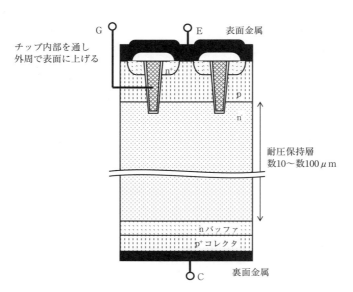

図 3.1　Si-IGBT の断面構造

3.1 パワーデバイスの構造と製造プロセス

パワーチップには，100 〜 200A の大電流を流す必要がある．図 3.2 に IGBT のチップ表面の電極構造を示す．LSI では，直径数 10μm 程度の金ワイヤーを用いて配線する．一方，パワーデバイスでは，チップ表面からの電流の取出しは，コストアップを避けて直径数 100μm のアルミニウムワイヤーを用いて行う．アルミニウムワイヤーは超音波を用いてボンディングする．超音波ボンディングにおけるダメージ低減のため，表面のアルミニウム電極は，3 〜 5μm と厚く成膜する[2]．

チップ端面はダイシング面がむき出し状態である．空乏層がチップ端面まで広がると耐圧劣化となるため，空乏層の拡がりを押さえる終端構造を形成している．最大 6000V の耐圧を保持する必要があり，数層の p 型領域を形成する．電界集中を回避するため，p 型領域の角に丸みを持たせている．この構造は，一般にガードリングと呼ばれる．

パワーチップは，モジュール内の銅配線上にはんだダイボンドで接合する．裏面金属は，Si 基板とオーミック接触を形成する必要がある．パワー MOSFET やパワーダイオードの裏面は n 型である．n 型 Si とのオーミック接触には Ti などが用いられる．一方，IGBT の裏面は p 型である．p 型 Si との

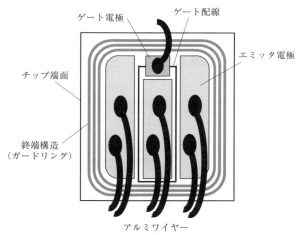

図 3.2　Si-IGBT の表面電極構造

オーミック接触にはAlなどが用いられる．また，パワーチップの裏面には，はんだと合金を形成するための厚いNiを成膜する．さらに，Niの酸化防止膜としてAuなどを成膜する．

3.1.2 パワーチップ用Siウエハ

図3.3にSi-IGBTの縦構造の推移を示す．図3.3(a)は，ノンパンチスルー(NPT：Non Punch Through)タイプのIGBTの構造であり，n^-層のみで耐圧を保持している．図3.3(b)は，パンチスルー(PT：Punch Through)タイプの構造である．裏面側に順バイアスオフ時の空乏層の伸びを抑制するためのnバッファ層を形成している．PTタイプでは，n^-層厚を薄くしてオン抵抗を低減することが可能である．NPTおよびPTタイプのn^-層は，エピタキシャル成長で形成される．図3.3(c)は，FS(Field Stop)タイプと呼ばれており，PTタイプと同様オン抵抗の低減が可能である．また，裏面のp^+層は最後に形成

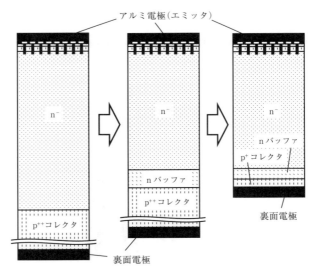

(a) ノンパンチスルー型　(b) パンチスルー型　(c) FS型
　　　(NPTタイプ)　　　　　　(PTタイプ)

図 3.3　Si-IGBTの縦構造

3.1 パワーデバイスの構造と製造プロセス

するため，ドーパント濃度の制御が可能である．そのため，オン動作時の正孔注入量の制御が可能であり，PTタイプで必須のライフタイム制御なしでデバイスが製造できる．FSタイプでは，高価なエピタキシャルウエハを使用しないため低コスト化が可能である．

LSI用のSi単結晶は，CZ(CZochralski)法で育成される．CZ結晶は現状，450mm径の結晶育成が可能である．一方，CZ結晶では，偏析現象により育成されるインゴット上部と下部でドーパント濃度が異なるという特徴がある．ただし，LSIにおけるデバイス特性は，イオン注入で制御しているため，この影響はほとんどない．一方，結晶のドーパント濃度(ドナー濃度)は，パワーデバイスのオン抵抗と耐圧の両方に影響するため，パワーデバイス用としてCZウエハは用いられていない．

パワーチップ用Siウエハとしては，FZ(Floating Zone)ウエハあるいはエピタキシャルウエハが用いられる．図3.4にそれらの使い分けを示す．半導体デバイスを製造するためには，ウエハの厚さは最低でも250μm程度は必要である．エピタキシャルウエハでは，耐圧保持層の厚さは150μmが限界である．そのため，現状でも2000V以上の耐圧のデバイスにはFZウエハを用い，裏

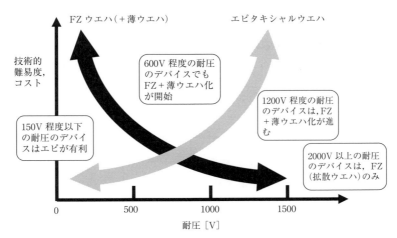

図3.4　パワーデバイス用Siウエハの使い分け

●　●　第3章　パワーデバイスの不良・故障解析技術

面不純物を拡散させた拡散ウエハが使用されている.

　パワーデバイス用としてFZウエハを用いるのは，酸素濃度が低いためであると考えている技術者が多いが，決してそのようなことはない．確かに育成直後のFZ結晶の酸素濃度は低い．しかしながら，拡散ウエハは表面に酸化膜を形成した状態で，1300℃程度で数日の不純物拡散を行う．その過程で酸化膜からの固相拡散により，多量の酸素がFZ結晶中に取り込まれる．したがって，デバイスメーカ納入時の拡散ウエハには非常に高濃度の酸素が含まれている．

　一方，以前は1500V以下の耐圧のパワーチップ用としては，エピタキシャルウエハが主流であった．薄ウエハプロセスが実用化され，状況が変化してきた．エピタキシャルウエハはエピタキシャル層が厚い程製造が難しく，コストがアップする．FZを用い，薄ウエハプロセスを適用することにより，チップ製造プロセスの最後で裏面の不純物構造を形成でき，コストの低いFZウエハが使用できる．600 ～ 1200 VクラスのパワーチップにはFZウエハが使用されるようになってきている[3].

3.1.3　パワーチップ製造プロセス ● ● ● ● ● ● ● ● ● ● ● ●

　表3.1に，パワーチップの代表としてパワーMOSFETおよびIGBTのチップ製造プロセスを先端Si-MOS型LSIと比較して，工程ごとに示す．Si-MOS型LSIにおける最大の課題は，高集積化のための微細化である．そのため，微細化対応の露光技術，STI(Shallow Trench Isolation)による素子分離，表面平坦化のためのCMP(Chemical Mechanical Polishing)などの技術開発が精力的になされている.

　一方，パワーチップの課題は，高耐圧化と損失の低減である．パワーチップの製造プロセスでSi-MOS型LSIと大きく異なるのは，現在主流のデバイスが数μmの深いトレンチを有するため，接合はむしろ深く形成するところである．今後さらに高温化していくことはないと考えられるが，ある程度の高温プロセスは必要である．また，ゲート酸化膜の厚さも100nm程度と厚い．さらに，大電流を流すため厚いアルミニウムの形成と加工が要求される．

3.1 パワーデバイスの構造と製造プロセス ● ●

表3.1 チップ製造プロセスの比較

	先端Si-MOS型LSI	パワーチップ
シリコン ウエハ	・低欠陥 CZ ウエハ ・アニールウエハ ・薄膜エピタキシャルウエハ	・厚膜エピタキシャルウエハ ・FZ ウエハ ・拡散ウエハ 　(FZ＋不純物拡散)
写真製版	・微細化対応露光技術	・両面アライメント
加工	・STI ・CMP	・トレンチゲート ・厚アルミのエッチング ・薄ウエハ化＋ダメージ除去
酸化，拡散，イオン注入	・低温化 ・ゲート酸化膜薄膜化 ・浅い接合	・高温プロセス ・多層不純物屑 ・裏面ドーパントの活性化
成膜	・新材料 ・めっき	・厚いアルミニウム ・裏面電極
その他	・平坦化 ・多層配線	・ライフタイム制御 ・表面保護

　パワーチップでは，種々の手法によりキャリアのライフタイムを調整して，逆方向電流の制御を行うことがある．ライフタイムの調整は，ウエハ中に再結合中心を形成することにより行う．ライフタイム制御に関しては後述する．

　パワーチップは，チップ裏面側にもドーパント不純物の構造を有する．ドーパント不純物の活性化には 800 ～ 1000℃以上の熱処理が必要である．FS 構造の IGBT では，表面にアルミニウム電極が形成されているので，ウエハ全体を高温にすることはできない．一般に，裏面のみを 1000℃以上にする手法としてレーザニールが用いられる．短波長のレーザを用いることにより，半導体中へのレーザの侵入長を制御できる．レーザニールが実用化したことにより，FS 構造の IGBT の性能が向上し，実用化したといえる．

3.1.4　パワーモジュールの構造と製造プロセス ● ● ● ● ● ● ● ● ●

　パワーデバイスは数 1000V 程度までの耐圧と数 1000A 程度までの定格電流が要求されるため，モジュールの形態で提供されることが多い．図 3.5 に，モ

第3章 パワーデバイスの不良・故障解析技術

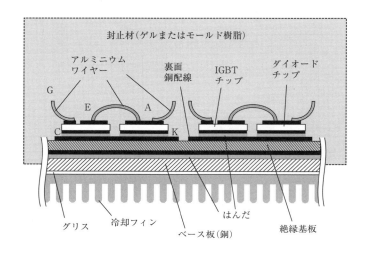

図 3.5 モジュール内でのパワーチップ周辺の構造

ジュール内でのパワーチップ周辺の構造を模式的に示す．接合の形成にははんだが多用されている．また，ベース板と冷却フィン間はグリスで接合されている．この構造により，Si パワーモジュールは問題なく製造されている[4]．ただし，はんだ中にボイドが発生すると，熱抵抗が著しく増加する．そのため，チップ裏面金属のはんだ濡れ性が重要であり，各デバイスメーカでの相応の技術開発を経て現在の裏面電極構造が決定されている．

1.2.1 項で述べたように，パワーモジュールの製造ではチップ状態でのテストが行われる[5]．専用のチップテスタでアナログテストを実施し，その後良品不良品に分けてチップケースに収納する．パワーデバイスは大電流化のため並列接続されることも多く，その場合はできるだけチップテストの結果を基に特性をそろえてモジュール化することが重要である．例えば，並列接続したチップ間で V_{th} が異なると先にオンしたチップへの負荷が高くなり故障につながることがある．

小容量のパワーモジュールおよびディスクリートパワーデバイスは，LSI 同様トランスファーモールドによる樹脂封じを行う．一方，大容量のパワーモジ

3.1 パワーデバイスの構造と製造プロセス ● ●

ュールは数 cm 〜数 10cm 角の大きさがあり，ケースに収容して製造される．この場合はシリコーンゲルによる封じ込めを行う．ゲルが液状化して流れ出るという市場不良が発生することがある．

パワーチップには大電流が流れるため，チップ自身が発熱する．最も高温になるのは，アルミニウムワイヤーとチップの接合部分であり，この部分の温度を接合温度（ジャンクション温度）T_j と呼ぶ．Si パワーモジュールにおける T_j は，150 〜 175℃である．これは，Si が 200℃を超えると熱的に発生するキャリア数が，ドーパント不純物で制御できるキャリア数と同程度になるため半導体として機能しないためである．そのため，Si パワーモジュールは 200℃以下で駆動させる必要がある．したがって，Si パワーモジュールに 200℃以上の耐熱性が要求されることはない．

一方，Si に変わるパワーデバイス用結晶材料としてワイドギャップ半導体（WGS：Wide Gap Semiconductor）が注目されている．WGS パワーデバイスは Si デバイスと比較して高温動作が可能である．パワーデバイスの高温動作のためにはモジュールも高温動作に対応させる必要がある．高温動作モジュールに関しては後述する．

3.1.5 パワーデバイス製造プロセスとデバイス不良 ● ● ● ● ● ● ● ● ●

パワーデバイス製造プロセスとデバイス不良の関連をまとめたものを表 3.2 に示す．ウエハ製造プロセス起因のデバイス不良・故障としては，結晶の構造欠陥や不純物汚染によるリーク不良および酸化膜耐圧不良が発生する．結晶中の酸素や炭素もデバイス性能，歩留まりに影響する．また，厚いエピタキシャル成長層のでき映えに起因した不良が度々発生している．

チップ製造プロセス起因のデバイス不良・故障としては，p ウェルを形成するための 1200℃で数時間の高温プロセスに起因した結晶の構造欠陥や不純物汚染によるリーク不良が発生している．その他に，パワーデバイス特有の深いトレンチ加工，イオン注入，ライフタイム制御，薄ウエハプロセスなどに起因した不良が発生している．深いトレンチや厚いアルミニウムの加工には，パワ

93

● ● 第3章　パワーデバイスの不良・故障解析技術

表3.2　パワーデバイス製造プロセスとデバイス不良

製造工程		不良要因とデバイス不良
ウエハ製造プロセス	結晶育成	構造欠陥→リーク電流増加，酸化膜耐圧劣化 物理汚染→リーク電流増加 酸素濃度異常→ゲッタリング不良 炭素濃度異常→ライフタイム不良
	加工	物理汚染→リーク電流増加 化学汚染→酸化膜耐圧劣化 形状不良→写真製版での不良など
	エピタキシャル成長	構造欠陥→リーク電流増加，酸化膜耐圧劣化 物理汚染→リーク電流増加 抵抗率，膜厚の不均一→特性異常
チップ製造プロセス	洗浄	物理汚染→リーク電流増加 化学汚染→酸化膜耐圧劣化
	写真製版	パターン形成不良
	エッチング	トレンチ加工などにおけるパターン形成不良
	酸化・拡散	構造欠陥→リーク電流増加，酸化膜耐圧劣化 物理汚染→リーク電流増加
	イオン注入	デバイス特性不良 素子間リーク
	成膜	物理汚染→パターン形成不良
	ライフタイム制御	スイッチング特性の変動
	薄ウエハプロセス	ウエハ反り，チッピングなどのプロセス不良
モジュール製造プロセス	ダイシング	チッピング→歩留まり劣化
	ダイボンド	ボイド→発熱
	ワイヤーボンド	ストレス→剥離
	樹脂封止	ストレス→剥離 チップへのダメージ

ーデバイス特有のプロセス開発が要求される．LSIにおいては基板のライフタイムは長いほど良いが，パワーデバイスでは基板のライフタイムを短くしてデバイス特性の向上を図る場合がある．基板の薄化はLSIにおいても行われるが，パワーデバイスでは薄化後に裏面に不純物構造を形成する．

また，パワーデバイスでは，モジュール製造プロセス起因のデバイス不良・

3.2 ウエハ製造プロセス起因のデバイス不良・故障と解析技術 ● ●

故障が発生する．ダイボンドおよびワイヤーボンド起因の不良や樹脂封止工程に起因した不良・故障が発生する．さらに，最近は高温モジュール化のための新規プロセスの開発が必要である．

はんだダイボンドの不良は，チップ製造プロセスとモジュール製造プロセスの両方に起因して起こる．基板裏面に成膜したニッケルとはんだを確実に合金化させることが重要であるが，ニッケル表面の酸化や合金化時の処理条件の影響を受ける．

以下の節では，ウエハ製造プロセス，チップ製造プロセスおよびモジュール製造プロセス起因のデバイス不良・故障と解析技術に関して詳細に述べる．

3.2

ウエハ製造プロセス起因のデバイス不良・故障と解析技術

3.2.1 ドーパント不純物に起因した不良・故障と解析技術 ● ● ● ●

図3.6に，pin構造における耐圧保持層のドーパント濃度と耐圧の関係を示す．iは真性半導体を表すが，パワーデバイスにおいては，耐圧保持のためのn⁻層をさす．図中には，SiとWGSであるSiCの場合を比較して示してある．n⁻層の厚さが厚いほど，n⁻層の濃度が薄いほど高耐圧が実現できる．n⁻層の厚さに対しては，耐圧の上限が存在する（図中の破線）．所望の耐圧に対しては，図中の○で示したn⁻層厚と不純物濃度の最適値がほぼ決る．なぜならば，n⁻層を伸ばすあるいは不純物濃度を下げることはオン抵抗の増加につながるためである．WGSパワーデバイスにおいては，Siの代わりに絶縁破壊電界値の大きい物質を用いることで，薄いn⁻層厚かつ高濃度n⁻層で高耐圧および低オン抵抗デバイスが実現できる[6]．

したがって，パワーデバイスにとってn⁻層の濃度と厚さが非常に重要である．PTタイプのSiパワーデバイスのn型バッファ層とn⁻型耐圧保持層はエピタキシャル成長で形成する．図3.7に，拡がり抵抗（SR：Spreading

第3章 パワーデバイスの不良・故障解析技術

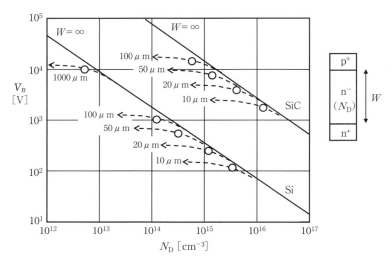

図 3.6 パワーチップの耐圧保持層のドーパント濃度と耐圧の関係

Resistance)測定による不純物分布の評価方法と得られる結果を模式的に示す．n型バッファ層とn⁻型耐圧保持層の抵抗率の詳細な測定が可能であるが，SR測定は破壊評価であり，頻繁に行うことはできない．また，SR測定は精度向上のため，試料を斜め研磨して測定する（図 3.7(a)）．一般に，エピタキシャル成長の条件出しや不良解析で実施する．

ウエハメーカではn型バッファ層とn⁻型耐圧保持層の抵抗率は，図 3.8 に示したC-V(Capacitance-Voltage)測定と四探針測定で行っている．C-V測定は，空乏層の拡がり方の電圧依存性からウエハ表面の抵抗率（ドーパント濃度）を測定するため，n⁻型耐圧保持層の抵抗率が測定できる．C-V測定には，水銀プローブや金蒸着電極を用いた破壊測定と，電極を試料に接触させない非接触測定がある．一方，四探針測定は抵抗の低い部分を流れる電流による電圧降下から抵抗率を測定するため，n型バッファ層の抵抗率が測定できる．

しかしながら，これらの測定では，最も重要なn⁻型耐圧保持層の内部抵抗率分布の測定はできない．あくまで，ウエハ最表面の抵抗率からの推定となる．そのため，パワーデバイスでは，エピタキシャル成長起因の不良がたびた

3.2 ウエハ製造プロセス起因のデバイス不良・故障と解析技術

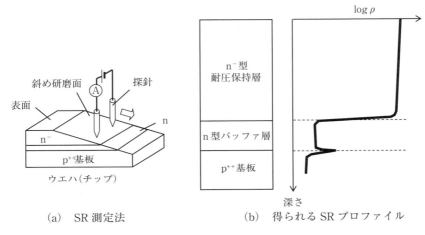

(a) SR 測定法　　(b) 得られる SR プロファイル

図 3.7　SR 測定による不純物分布の評価

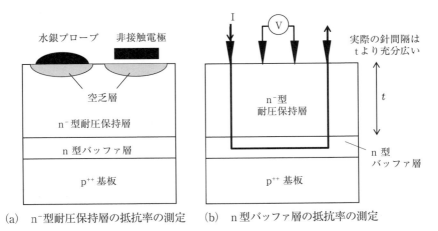

(a) n⁻型耐圧保持層の抵抗率の測定　(b) n型バッファ層の抵抗率の測定

図 3.8　n⁻型耐圧保持層とn型バッファ層の抵抗率の測定

び発生する．

　筆者はかつて，パワーデバイスのウエハ起因の不良を数年間分調査したが，最も頻度の高かった不良は，エピタキシャルウエハの ρ（抵抗率），t（厚さ）不

良であった．しかもこの ρ, t 不良は，購入していた主要ウエハメーカすべてで発生していた．残念ながら，ライン管理をすり抜けてくる不良ウエハが，度々出現する．

3.2.2 ウエハ中の結晶構造欠陥に起因した不良・故障と解析技術

図 3.9(a) は，パワーデバイスの一種である 600V 耐圧の高耐圧 IC (HVIC : High Voltage IC) における素子断面の選択エッチング法による結晶欠陥の評価結果である．このデバイスでは，CZ ウエハを用いていた．p 型基板の深部に多数の BMD (Bulk Micro Defect) が観測されているが，これらがデバイスの不良を引き起こす場合がある．なお，これらの BMD は，CZ ウエハが有していた酸化誘起積層欠陥 (OSF : Oxidation induced Stacking Fault) 核や格子間酸素 (Oi) に起因して，デバイス製造中の高温プロセス中で BMD として顕在化したものである．

図 3.9(b) は，電圧 800V 印加時の HVIC の空乏層の拡がりをシミュレーションした結果である．空乏層が 100μm 程度まで広がっていることがわかる．空乏層に欠陥が存在すると逆バイアス下でのリークにつながる．この結果は，HVIC では，数 10μm 程度の無欠陥領域が必要なことを示唆している．

図 3.10 に，良品ウエハと不良品ウエハにおいて，断面選択エッチング評価

(a) BMD 評価

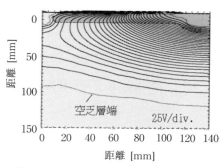
(b) シミュレーションによる空乏層の評価

図 3.9 耐圧不良 HVIC チップの BMD 評価

98

3.2 ウエハ製造プロセス起因のデバイス不良・故障と解析技術

から無欠陥層(DZ：Denuded Zone)厚のウエハ面内分布を算出した結果を示す．良品ウエハでは無欠陥層が，60〜70μm形成されているが，不良品ウエハでは40μm程度しか形成されていない．不良品ウエハにおける40μmの無欠陥層は，通常のMOS型LSIであれば何の問題もないレベルであり，逆に良好なゲッタリング効果が期待できる．

図3.11に，良品および不良品のリーク電流測定結果を示す．無欠陥層幅

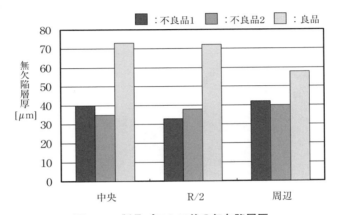

図 3.10　製品プロセス後の無欠陥層厚

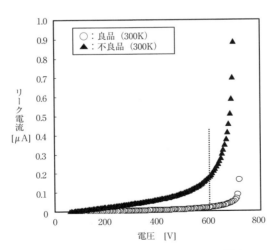

図 3.11　良品および不良品のリーク電流

第 3 章　パワーデバイスの不良・故障解析技術

が 60μm 程度以上の良品ウエハでは，問題ない耐圧特性を有している．一方，40μm 程度の不良品ウエハでは，数 100V の電圧印加時から電流が増加し 600V においてはリーク電流が大きく増加している．

図 3.12 に，良品および不良品のリーク電流の温度特性を示す．図 3.12 中には，これらの結果から算出した活性化エネルギーの値を示している．良品ウエハにおいては，活性化エネルギーがシリコンの禁制帯幅に近い領域と禁制帯幅の 1/2 程度の領域に分かれる．一方，不良品ウエハでは，測定した温度範囲の

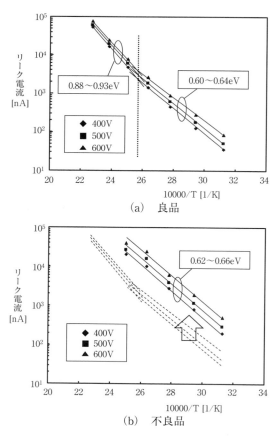

図 3.12　良品および不良品のリーク電流の温度特性

3.2 ウエハ製造プロセス起因のデバイス不良・故障と解析技術 ● ●

全領域で，禁制帯幅の 1/2 程度の活性化エネルギーであった．この結果より，不良品では高密度に発生した浅い領域の BMD に起因した欠陥が深い準位を形成し，これが発生中心として働き，全体的に発生電流が増加しリーク不良を引き起こしたと考えられる．このように高電圧が印加される HVIC では，デバイスとしての動作領域の深さはせいぜい 10μm 程度であっても，高電圧印加時の空乏層の伸びを考慮すると，50μm 以上の無欠陥層を必要とする．なお，この場合の不良対策は，基板酸素濃度の最適化で実施した．

3.2.3 ウエハライフタイムに起因した不良・故障と解析技術[7] ● ●

図 3.13 に，電力用ダイオードの過渡電流特性を示す．順方向バイアスから逆方向バイアスにスイッチングされたとき，順方向に電流を流していたキャリアは急には消滅しないため，n⁻層に存在するキャリアが逆方向に流れる．このため，大きな逆方向電流 I_r が流れる（図 3.13 中の破線）．

エピタキシャルウエハを用いた電力用ダイオードや IGBT では，種々の手法によりキャリアのライフタイムを調整して，逆方向電流の制御を行っている．ライフタイムの調整は，再結合中心を形成することにより行っている．最も一般的に行われるのは電子線照射による再結合中心の形成である．ライフタイム制御により，逆方向電流を抑え，逆回復時間 t_{rr} を短くできる（図 3.13 中の破線から実線）．これにより，応答速度を速くして，スイッチング損失を抑えることが可能となる．

IGBT のスイッチング損失（E_{off}）とオン抵抗（R_{on}）の間にはトレードオフ関係が存在する．図 3.14 に，トレードオフ特性とその調整法を示す．デバイス構造が決まると，E_{off} と R_{on} が一本の線上を動く特性で表される．新規にデバイス構造が開発されると，トレードオフ特性は原点側にシフトする．

1 つのトレードオフ特性線上では，電子線照射量が多いほどキャリアライフタイムが短くなりスイッチング損失が改善されるが，オン抵抗が増加する．オン抵抗を重視する場合は，電子線照射量を少なく設定する．一方，スイッチング損失を重視する場合は，電子線照射量を多く設定する[8]．

101

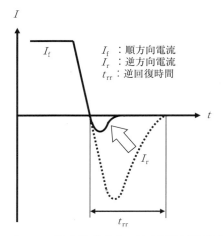

図 3.13 電力用ダイオードの過渡電流特性

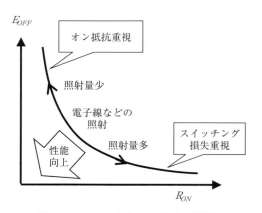

図 3.14 IGBT のトレードオフ特性

　ウエハライフタイムの大小は，デバイス特性に大きく影響する．したがって，購入時のウエハライフタイムは，規格内に納めることが要求される．ウエハメーカでは，ウエハライフタイムは μ-PCD 法で管理している．しかしながら，p^{++}基板上のエピタキシャル層のライフタイム測定は難しい．そのため，原料ガスや装置の汚染に起因した不良が発生する事例がある．

　パワーデバイスメーカでは，ウエハメーカから供給されるウエハごとに製造

3.2 ウエハ製造プロセス起因のデバイス不良・故障と解析技術

条件を調整してデバイスのライフタイムを設定している．したがって，供給されるウエハの初期ライフタイムは一定でなければならない．ウエハライフタイムの悪化は不良に直結する．加えて，初期ライフタイムが向上することも特性不良につながる．企業努力としてウエハメーカではラインのクリーン化を推進するが，それがデバイス不良を引き起こす可能性がある．当時筆者は，かってなラインクリーン化は行わないようウエハメーカにお願いしていた．

3.2.4 エピタキシャル成長に起因した欠陥および形状不良[9]

図 3.15 に，エピタキシャル成長に起因した欠陥および形状不良を模式的に示す．裏面の酸化膜は，基板の高濃度不純物が雰囲気中に外方拡散するのを防ぐために形成している．エピタキシャル成長レートは結晶の面方位によって異なる．ウエハ表面は一定の面方位で形成されているため，基本的に一定の成長レートでエピタキシャル層が形成される．一方，ウエハ端面は面取り加工が施されるため，さまざまな方位の面が連続的に現れる．その結果，ウエハ端面では異常なエピタキシャル成長が起こり，元のウエハ形状とは異なる形状になる場合がある．

マウンドは，ウエハ表面の結晶欠陥や異物などを起点とした積層欠陥であ

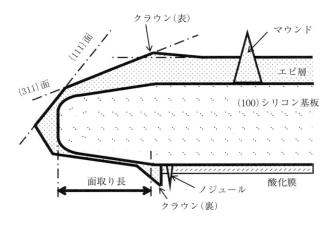

図 3.15 エピタキシャル成長に起因した欠陥および形状不良

る．マウンドはエピタキシャル膜厚と同程度に成長する場合がある（したがってパワーデバイス用エピタキシャルウエハでは $50 \sim 100 \mu \mathrm{m}$ にもなる）．古いデバイス製造プロセスでは，近接露光と呼ばれる写真製版用マスクをウエハ近傍に近づけるあるいは接触させる写真製版装置があり，マウンドが存在するとマスクに傷が付くという問題があった．そのため，マウンドクラッシャーと呼ばれる装置で，機械的にマウンドをつぶしていた．しかしながら，逆に発塵の問題があり，現在ではほとんど使用されていない．

ウエハ端面部において，局所的にエピタキシャル成長面より盛り上がった部分はクラウンと呼ばれる．クラウンはエピタキシャル厚が厚いほど高くなり，写真製版プロセスに悪影響を与える．また，クラウンは図示した面取り長に依存し，一般に面取り長が長いほど低減される．ただし，面取り長が長いとデバイス製造の有効面積が減少することになる．ノジュールは，オートドープ防止の裏面酸化膜に不良（具体的には穴）が存在する場合に発生する異常成長である．ノジュールも写真製版プロセスに悪影響を与える．

パワーデバイス用のエピタキシャルウエハは，直列抵抗低減のため高濃度基板を用いる（パワー MOSFET は n^{++} 基板，IGBT は p^{++} 基板）．加えて耐圧保持層として厚いエピタキシャル層を必要とするため，結晶の格子定数の違いによるウエハの反りに注意が必要である．表 3.3 に，種々の構造のウエハにおける反り形状を示す．高濃度基板が B および P 添加の場合，B や P は共有結合半径が Si より小さいため，表面側に凸の形状となる．一方，Sb や As 添加の場合は，共有結合半径が Si より大きいため，裏面側に凸の形状となる．また，裏面酸化膜を形成したウエハでは，Si と Si 酸化膜の熱膨張係数が異なるため，バイメタル的な反りが発生する．

図 3.16 は，直径 200mm の高濃度 B 基板（p^{++} 基板）上に低濃度 P ドープの厚いエピタキシャル層を形成したウエハの反り評価結果である．p^{++} 基板の B 濃度および厚さ，さらに欠陥の発生状況の影響が大きいが，$100 \mu \mathrm{m}$ 程度のエピタキシャル層を有するウエハでは，$100 \mu \mathrm{m}$ 近い反りが発生する．ウエハの反りが $100 \mu \mathrm{m}$ 以上になると，写真製版などのプロセス装置で処理ができなくな

3.2 ウエハ製造プロセス起因のデバイス不良・故障と解析技術

表 3.3 ウエハ構造と反り形状

ウエハ構造	ウエハ形状
p/p⁺エピタキシャルウエハ（B） n/n⁺エピタキシャルウエハ（P）	エピタキシャル層／シリコン基板（上凸）
n/n⁺エピタキシャルウエハ（As, Sb）	エピタキシャル層／シリコン基板（下凸）
裏面酸化膜付きウエハ	シリコン基板／SiO₂

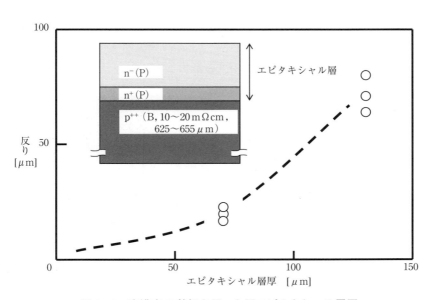

図 3.16　高濃度 B 基板を用いた厚エピタキシャル層厚

るなどの不具合が発生する．

コラム

ウエハ裏面状態のプロセスへの影響

　直径200mm以下のウエハでは，裏面はウエハ製造工程のエッチングプロセスで決まる状態でデバイスメーカに納入されてきた．エッチングは，酸エッチングまたはアルカリエッチングあるいはそれらの混合液で行われるが，処理後の面状態は条件により大きく異なる．図C1-1に，酸エッチングおよびアルカリエッチングを施したウエハのレーザ顕微鏡による評価結果を示す．酸エッチングでは，ウエハ全体でうねりが発生しそれに小さい凹凸がのった形状となる．図C1-1(a)で見られているのは小さな凹凸である．一方，アルカリエッチングでは，ウエハ全体でのうねりは発生せず，図C1-1(b)のように大きな凹凸を有する形状となる．

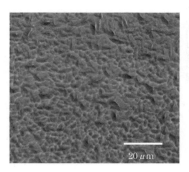 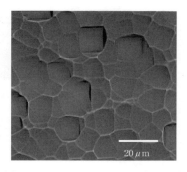

(a) 酸エッチによる裏面状態　　(b) アルカリエッチによる裏面状態

図 C1-1　ウエハ裏面のレーザ顕微鏡による評価

　裏面状態の影響は，ステージから冷却を行うような装置で現れる．図C1-2は，酸エッチングおよびアルカリエッチングを施したウエハのステージとの接触状態を模式的に示したものである．アルカリエッチング面は酸エッチング面と比較してステージとの接触面積が小さく，冷却効率が落

ちる.

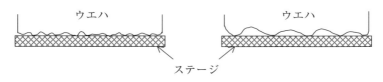

(a) 酸エッチ　　　　　　　(b) アルカリエッチ

図 C1-2　ステージとの接触状態

　どちらのウエハでも条件の設定で問題なくプロセスを行うことが可能であるが，アルカリエッチングウエハと酸エッチングウエハが混在してしまうと，同一条件で処理した場合にドライエッチングや成膜でのレートが変化してしまう．また，レジストのアッシング装置において，酸エッチングウエハでは問題ない条件でもアルカリエッチングウエハではウエハ温度が上昇し，レジストが焼きつくという不具合事例がある．

　筆者は，ウエハメーカが申告なしに，ウエハエッチング条件を変更し，不良が発生するという事例を経験した．デバイスメーカではウエハの裏面状態はあまり気にしておらず，思いも寄らないような不良が発生するということで良い勉強になった．

3.3 チップ製造プロセス起因のデバイス不良・故障と解析技術

3.3.1　転位に起因した不良・故障と解析技術[7]

　図 3.17 は，600V 耐圧 IGBT 製造プロセス相当の熱処理を施したエピタキシャルウエハの X 線トポグラフィ評価結果である．図 3.17(a) は，通常の製造条件でのウエハの結果であるが，エピタキシャル層厚が 70 μm 程度と厚いため，

多くのミスフィット転位が発生する．ミスフィット転位は低抵抗基板とエピタキシャル層の格子定数の違いにより発生する．

一方，スリップ転位は，昇降温時のウエハ面内の温度差による応力により発生する．図 3.17(b) は，高温熱処理における昇降温レートを増加させることによりスリップ転位の発生を加速させた場合の結果である．ミスフィット転位の発生とともに，ウエハ中心部および周辺部に多数のスリップ転位が発生しているのが観測された．スリップ転位の発生状況は，ウエハの中央および外周で発生するというこれまでに報告されている結果と一致する．

スリップ転位発生を加速させたプロセス条件で製造した 600V 耐圧 IGBT の電流リーク不良を評価し，図 3.17(b) の X 線トポグラフィ写真に重ねた結果が図 3.18 である（不良素子を × で示した）．スリップ転位発生が顕著なウエハ中央部と周辺部で電流リーク不良が発生し，両者の発生領域が良く一致する結果となった．一方，ミスフィット転位発生部で特に不良率の増加は見られなかった．これらの結果は，スリップ転位が電流リーク不良を発生させる要因になっていること，加えてミスフィット転位は不良を引き起こさないことを示唆している．なお，スリップ転位の抑制には，高温熱処理時のシーケンスが重要である．

図 3.19 に，スリップ転位とミスフィット転位の発生メカニズムを示す．図

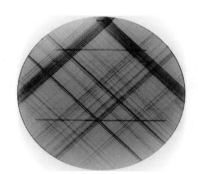 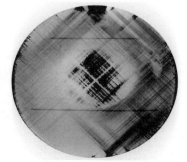

　　　（a）　通常プロセス条件　　　　　（b）　スリップ発生加速条件

図 3.17　熱処理を施したウエハの X 線トポグラフィ評価

3.3 チップ製造プロセス起因のデバイス不良・故障と解析技術

図 3.18 スリップ転位とリーク不良デバイスの関係

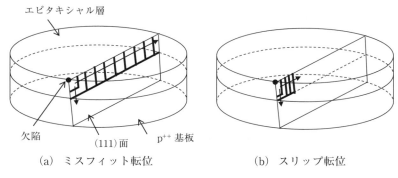

(a) ミスフィット転位　　　(b) スリップ転位

図 3.19 ミスフィット転位とスリップ転位の発生メカニズム

3.19(a)に示すように，ミスフィット転位はウエハ周辺の傷や応力発生部から発生し，基板とエピタキシャル層の格子定数の違いによる歪により，基板とエピタキシャル層の界面を伸展する．ミスフィット転位は，格子歪が存在すれば高温処理中伸展し続けるため，ウエハ端から端まで容易に伸展する．そして，界面にミスフィット転位が発生することにより，歪は緩和される．そのため，同一箇所からのミスフィット転位の発生はない．また，転位が伸展したウエハ表面にのみ段差が残存するが，エピタキシャル層は原子の再配列により良好な

第3章　パワーデバイスの不良・故障解析技術

結晶性が保たれており，デバイス不良の原因にはならない．

一方，図 3.19(b)に示すように，スリップ転位はウエハ面内での温度の不均一に起因しているため，同一箇所からいくらでも発生し続ける．したがって，スリップ転位発生部ではウエハ表面に抜ける転位が多量に存在しており，デバイス不良を引き起こすと考えられる．

図 3.20 に，ラマン散乱分光法によるミスフィット転位近傍の応力評価の結果を示す[10]．評価には，ミスフィット転位がウエハ端から発生し，ウエハ内部に留まっている状態のウエハを用いた．筆者らが提案したミスフィット転位の発生メカニズムであれば，この状態ではミスフィット転位の先端がウエハ表面に抜けていることになる．

当然のことながら，まだミスフィット転位が到達していない①には応力は発生していない．また，ミスフィット転位が通過してしまった②にも応力は発生していない．一方，転位がウエハ表面に抜けていると考えられる③，④には引張応力および圧縮応力が発生しているのが観測された．これらの結果は，1)

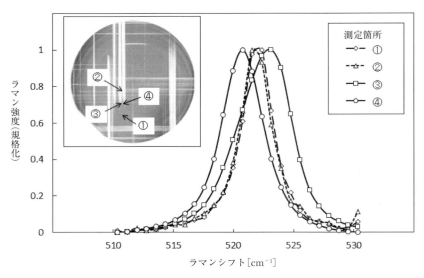

図 3.20　ラマン散乱分光法によるミスフィット転位近傍の応力評価

3.3 チップ製造プロセス起因のデバイス不良・故障と解析技術　●　●

ミスフィット転位が格子の不整合による応力により伸展すること，2)ミスフィット転位が通過した後は格子の不整合が緩和されること，3)ウエハ端からウエハ端に抜けたミスフィット転位上でデバイス不良が発生しないこと，に対応する．

図3.21に，TEMによるミスフィット転位の構造評価の結果を示す[11]．測定箇所は，図3.21(a)および図3.21(b)で示したミスフィット転位がウエハ表面に抜けている領域である．図3.21(c)に示したTEMサンプル中のミスフィット転位は，図3.21(d)に示したようにエピタキシャル層／基板界面に平行な[1-10]に伸びて，先端部で[0-11]に曲がってエピタキシャル層側のTEMサンプル表面に抜けている．

さらに，gベクトルを変えたTEM観察の結果，転位線のバーガースベクトルは[0-11]（図3.21中b）に平行である事が判明している．すなわち，[1-10]に平行な転位線は60度転位，[0-11]に平行な転位線はらせん転位である．転位線の方向とバーガースベクトルの方向から，このミスフィット転位のすべり面は(111)面（図3.21(d)中A）と判断できる．また，AFM観察の結果，上記すべり面がエピ層表面と交わる箇所で，数nmの段差が確認されていることから，転位線は，そのままエピタキシャル層表面に抜けている．以上の解析結果は，スリップ転位がデバイス不良を発生させるという従来からの定説と一致する．したがって，スリップ転位は極力発生させてはならない．一方，ミスフィット転位を発生させるなら，ウエハ端からウエハ端に抜けさせるのが良い．中途半端にミスフィット転位がウエハ面内に残っている状態であると不良につながると考えられる．ただし，この現象を理解できているデバイスエンジニアは非常に少ないのが現状である．

3.3.2　重金属汚染に起因した不良・故障と解析技術[7]　●　●　●　●　●　●　●

図3.22は，pin接合型のダイオードにFeの強制汚染を行い，リーク電流の増加量を測定した結果である．Fe汚染量はμ-PCD法によるライフタイム値でモニターしており，ライフタイム値が小さいほど汚染量が多い．ライフタイ

● ● 第3章 パワーデバイスの不良・故障解析技術

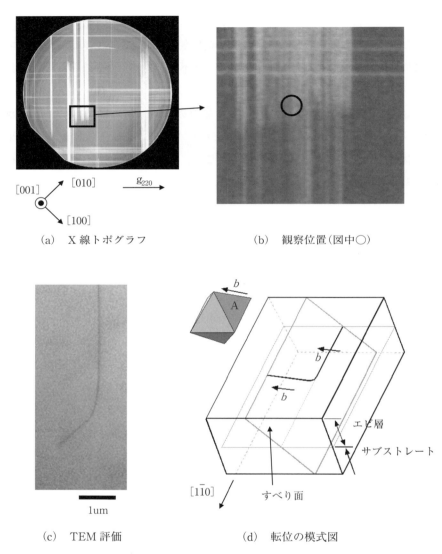

(a) X線トポグラフ　　　　　(b) 観察位置（図中○）

(c) TEM評価　　　　　(d) 転位の模式図

図3.21　TEMによるミスフィット転位の構造評価

ム値が $100\,\mu\sec$ 以下になるとリーク電流が大きく増加している．なお，ライフタイム測定は酸化膜パッシベーション状態で行った．この結果は，ライフタイム値として $100\,\mu\sec$ 以下になるような Fe 汚染がある場合は，ダイオード

3.3 チップ製造プロセス起因のデバイス不良・故障と解析技術

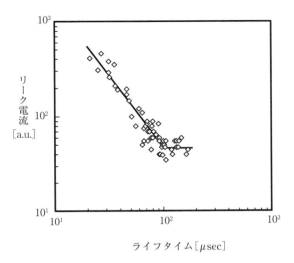

図 3.22 基盤ライフタイム値とリーク電流の関係

作成に用いたプロセスでのゲッタリング能力を超え，リーク電流の増加に至ったことを示唆している．

図 3.23 は，1000℃と 1200℃で熱酸化した場合の Fe 汚染量（Fe-B 濃度）を μ-PCD 法で測定した結果である．測定は，Fe-B 結合を解離させるための光照射前後での μ-PCD 法によるライフタイム測定値の比較により行っている．1200℃での酸化により，特にウエハ周辺で Fe 汚染が発生しているのがわかる．これは，汚染の原因がウエハ支持のためのサセプタやチューブなどによることを示唆している．この結果は，Fe 汚染の影響はプロセス温度が高いパワーデバイスでより大きな問題となる可能性があることを示している．

Fe は比較的ゲッタリングが容易な不純物である．さらに，パワーデバイスではプロセス温度が高いことが，逆にゲッタリングプロセスを構築しやすくしている．しかしながら，ゲッタリング能力を超えるような汚染があった場合は，図 3.22 に示したようにリーク不良につながる．したがって，パワーデバイスではゲッタリング技術の構築が非常に重要である．ゲッタリングにおいては，最終の高温処理における徐冷が効果的である．パワーデバイスにおいて

第3章 パワーデバイスの不良・故障解析技術

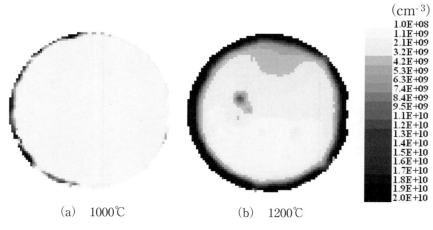

(a) 1000℃　　　(b) 1200℃

図 3.23　鉄汚染量のアニール温度による違い

は，厚い耐圧保持層が無欠陥であることが要求される．そのため長時間の徐冷が有効である．

3.3.3　イオン注入プロセスに起因した不良・故障と解析技術

図 3.24 に，Si 中のドーパント不純物の拡散係数を示す．n 型層を形成するためのドナーである P，As，Sb を比較すると，P の拡散係数は，As や Sb に比べると大きいことがわかる．HVIC において，Sb のイオン注入と熱拡散により n ウェルを形成してデバイスを製造する製品がある．イオン注入機では，磁界による質量分離を行うため，イオン種の混入は考えにくい．ただし，複数のイオン種を同一装置で注入すると，イオン照射部の装置壁に他の物質が付着していることがある．この場合，いくら質量分離でイオン種を分離してもイオン種の混入が生じてしまう．

図 3.25 に，Sb 注入時に P が混入することによるウェル分離不良を模式的に示す．P は拡散係数が大きいため，Sb ではウェル間が分離できる熱処理条件でも，P が混入しているとウェル間がリークし素子間分離不良が発生する．

114

3.3 チップ製造プロセス起因のデバイス不良・故障と解析技術

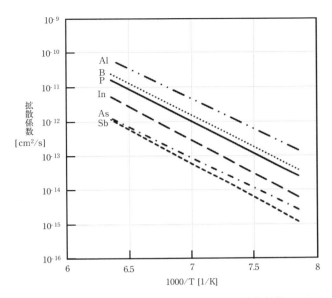

図 3.24　Si 中のドーパミン不純物の拡散係数

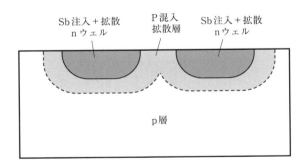

図 3.25　P 混入によるウェル分離不良

　さまざまな解析の結果，この場合の不良は，SCM 測定による不純物濃度分析で解析できた．上記の不良は，同一のイオン注入機で複数のイオン種を注入してはならないことを物語っている．

3.3.4 トレンチ加工プロセスに起因した不良・故障と解析技術

　現在最も広く用いられているパワーデバイスであるパワー MOSFET および IGBT は，オン抵抗低減と微細化のためほとんどがトレンチゲート構造である．一般にパワーデバイスでは，5μm 以上の深いトレンチを形成する．図 3.26 に，パワーデバイスのトレンチで発生することのある不具合を示す．側壁の角度とトレンチ底部の"丸み"が重要である．側壁の角度が 90°に近いと CVD によるポリシリコンの成膜時に内部にボイドが発生する．また，トレンチ底部が角張っていると電界集中が発生し特性が劣化する．その他に，写真製版あるいはドライエッチング時に異物が存在すると形状不良となる．

　ただし，アスペクト比の大きい深いトレンチのインラインでの形状測定は簡単ではない．ある程度のマージンを持たせてプロセスを構築しているが，何らかの検査は必要である．実デバイス部での測定は難しいが，計測用のパターンを形成している．深さは同じでアスペクト比を小さくしたパターンを形成し，測長 SEM や AFM での測定が行われている．

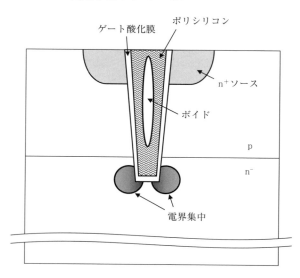

図 3.26　トレンチ加工に起因した不良発生

3.3.5 ライフタイム制御に起因した不良・故障と解析技術 ● ● ● ●

図 3.27 に，さまざまなライフタイム制御プロセスにおける再結合中心の準位を示す．エネルギー値は価電子帯上端からのエネルギーである．金や白金の拡散はキラー拡散と呼ばれ，古くからライフタイム制御に用いられてきた．ただし，ウエハ表面からの固相拡散後の金および白金の除去には王水処理が必要であり，200mm 以上のウエハラインでは行われていない．

最近最も一般的に行われているのは，電子線照射である．電子線照射で形成される再結合中心は，空孔（V；Vacancy）のペア V-V（Divacancy）や空孔と P のペア P-V と考えられている．

形成される再結合中心の準位は，DLTS（Deep Level Transient Spectroscopy）で測定可能である．図 3.28 に，電子線照射 Si ウエハの DLTS による測定結果の例を示す[12]．50K，69K，88K，128K そして 220K 付近にピークが得られた．220K 付近のピークは，伝導帯下 0.40eV に存在する準位であり，V-V あるいは P-V に相当するピークと考えられる．

最近，電子線照射により再結合中心を形成したパワーデバイスの特性が，大電流通電により変化することが問題となってきている．この原因が Si ウエハ中の炭素が原因と予想されている．さらに筆者は，この現象がデバイスの微細

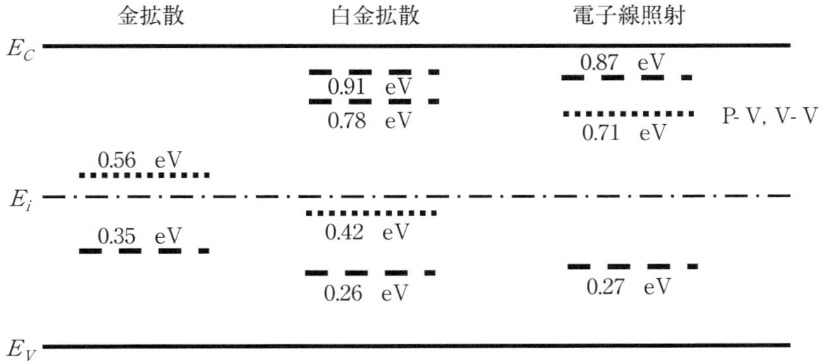

図 3.27 ライフタイム制御のための再結合中心

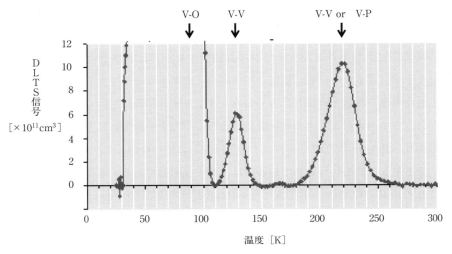

図 3.28　電子線照射で形成される再結合中心の DLTS 測定

化により電流密度が大きくなってきたことが原因と考えている．IGBT や pin ダイオードはバイポーラデバイスであり，電流通電にはキャリアの再結合が伴う．この際の余分なエネルギーが結晶格子を振動させ，再結合中心に影響することが不良につながると考えている．

Si 中炭素の評価には，FTIR 法や PL 法が用いられる．PL 法の方が高感度測定に適している．PL 法による評価では，Si ウエハに電子線照射を施している．電子線照射により，C_i(格子間炭素)-C_s(格子位置炭素)や C_i-O_i(格子間酸素)の結合が形成される．0.97eV のピークは G ラインと呼ばれ，C_i-C_s による発光である．また，0.79eV のピークは C ラインと呼ばれ，C_i-O_i による発光である．

Si ウエハ中の炭素濃度と PL 測定における G ライン強度との関係を図 3.29 に示す[13]．炭素濃度の異なる 9 種類のサンプル（製造メーカ，製造法が異なる）を 10 機関で測定しているが，結果はほぼ 1 本のライン上に載っており，PL 法が優れていることを示している．

最近，炭素の再結合中心へ影響は，シミュレーションにより解析されるようになってきた[14]．表 3.4 に，第一原理計算による結合エネルギーの計算結果を

3.3 チップ製造プロセス起因のデバイス不良・故障と解析技術

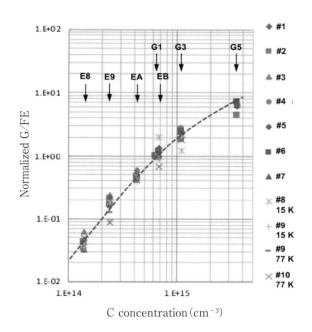

(出典) 田島道夫, 佐俣秀一, 中川聡子, 織山純, 石原範之:「第80回応用物理学会秋季学術講演会 講演予稿集」Fig1, 18p-C212-1, (2019).

図3.29 Gライン強度の炭素濃度依存性

示す．格子間Si(I：Interstitial Si)，V，P，C_i，C_s，O_i が関連した結合の結合エネルギーを計算した結果である．ライフタイム制御の再結合中心を形成するV-Pの結合エネルギーは1.02eV，V-Vの結合エネルギーは1.52eVであり，比較的大きな結合エネルギーを有している．それに対し，V + C_i-O_i → C_s-O_i の反応により形成される C_s-O_i の結合エネルギーは4.58eVである．また，V + C_i → C_s の反応により C_s(V-C_i) が形成された場合の結合エネルギーは5.44eVである．これらの結果は，炭素の存在により，電子線照射で形成した再結合中心が消滅する可能性を示唆している．

これまで，電子線照射は主に炭素濃度の低いエピタキシャルSiに対して用いられてきたが，今後パワーデバイス用Siの300mm化を視野に入れると，CZ結晶の使用が予想されるため，ウエハ中の炭素の制御は非常に重要となる．

●　● 第3章　パワーデバイスの不良・故障解析技術

表 3.4　第一原理計算による結合エネルギーの計算結果

反応	E_b (Si 64) [eV]
$V + C_i \rightarrow C_s$	5.44
$V + C_i O_i \rightarrow C_s\text{-}O_i$	4.58
$C_s + I \rightarrow C_i$ ($C_s\text{-}I$)	1.61
$V + V \rightarrow V\text{-}V$	1.52
$C_i + O_i \rightarrow C_i\text{-}O_i$	1.49
$V + C_i\text{-}C_s \rightarrow V\text{-}(C_i\text{-}C_s)$	1.48
$V + O_i \rightarrow V\text{-}O_i$	1.45
$C_i + C_s \rightarrow C_i\text{-}C_s$	1.36
$P + V \rightarrow V\text{-}P$	1.02
$P + C_i \rightarrow P\text{-}C_i$	0.88
$P + C_i\text{-}C_s \rightarrow P\text{-}(C_i\text{-}C_s)$	0.73
$P + C_i\text{-}O_i \rightarrow P\text{-}C_i + O_i$	0.53
$P + O_i \rightarrow P\text{-}O_i$	0.27

　電子は質量が小さいため，電子線照射で形成される再結合中心は，ウエハの深さ方向全域に形成される．それに対し，質量の大きいプロトン（H^+）やヘリウムイオン（He^+）を用いると，照射イオンの飛程の制御が可能となる．したがって，照射エネルギーによる深さ制御が可能となり，局所的なライフタイム制御ができる．さらに，水素は Si 中でドナーとして働くことが明らかとなり，n型バッファ層の形成に利用できる可能性が出てきている[15]．

3.3.6　薄ウエハプロセスに起因した不良・故障と解析技術 ● ● ● ●

　近年中耐圧パワーデバイスの主流となってきている薄ウエハプロセスでは，ウエハ厚を $50 \sim 100\mu\mathrm{m}$ に薄化してプロセスする必要がある．このとき，ウエハは自重で反ってしまうため，何らかの補強が必要になる．メーカによって手法は異なり，ガラス板や厚いシートで補強する．加えて，薄ウエハ化によりウエハ端が鋭く尖る現象（ナイフエッジ化）が問題となる．図 3.30 に，薄ウエ

3.3 チップ製造プロセス起因のデバイス不良・故障と解析技術

ハプロセスによる端面形状のナイフエッジ化の様子を模式的に示す．これにより，衝撃により異物が発生したり，ウエハ割れが生じたりする．また，ウエハケースにウエハがささるような不良が発生する場合もある．

図3.31は，上記のような薄ウエハプロセスの課題を一気に解決するTAIKOプロセスである．TAIKOプロセスでは，外周部を厚いまま残してウエハ内部のみ薄ウエハ化する．TAIKOプロセスによるウエハではまったく変形が起こらない．また，ナイフエッジ化も起こらない．TAIKOプロセスは，薄ウエハプロセスの主流になる可能性を持っており，評価が行われている．

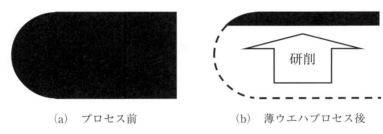

(a) プロセス前　　　　　(b) 薄ウエハプロセス後

図 3.30　薄ウエハプロセスによる端面形状のナイフエッジ

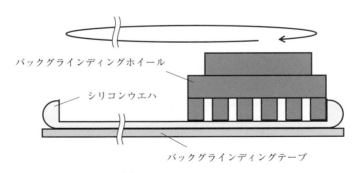

図 3.31　TAIKO ウエハ

コラム

アルカリ金属による増速酸化

　デバイスに影響を及ぼす物理的な汚染として，KやNaなどのアルカリ金属は，シリコンの熱酸化時の増速酸化を引き起こすことがある．図C2-1は，ウエハ裏面にポリシリコンを成膜したウエハにおいて，アルカリ金属汚染がある場合のSIMS(Secondary Ion Mass Spectrometry)による評価結果である．ポリシリコンとシリコンの界面にKとNaが偏析しているのがわかる．このようなウエハに熱酸化を施すと，高温時にKやNaが雰囲気中に放出され，形成した酸化膜に異常が発生する．

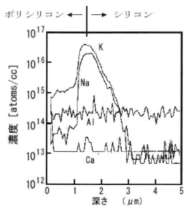

図C2-1　ウエハ裏面のSIMS評価

　図C2-2に示したように，Kのピーク濃度にして10^{16}atoms/cm^{3}以上で10％程度の増速酸化が起こっている．このように，アルカリ金属は熱酸化時の異常を誘引する場合がある．アルカリ金属の汚染源としては，ウエハ製造プロセスにおけるアルカリエッチングや人的な要因が考えられ，注意が必要である．

　筆者が経験したアルカリ金属による増速酸化不良は，ライン作業者が発

見した．Siウエハ上の酸化膜は，厚さできまる干渉色が現れる．ライン作業者がいつもの色と異なるということで不良に気がついた．量産現場では，通常と違うというのは何かが起こっているということである．

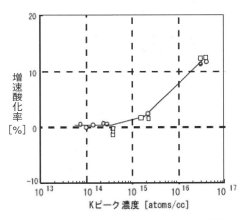

図 C2-2　Kピーク濃度と増速酸化率の関係

3.4

モジュール製造プロセス起因のデバイス不良・故障と解析技術

3.4.1　パワーモジュールの熱抵抗

　パワーモジュールの各部の熱抵抗は，過渡熱解析により測定できる．図3.32に，過渡熱測定による各部の熱抵抗の測定原理を示す[16]．図3.32(a)に示した経路で熱が伝わるときの熱伝導は図3.32(b)に示した熱抵抗と熱容量の等価回路でモデル化される．はんだや絶縁基板の熱抵抗は大きい．図3.32(c)に，過渡熱測定の測定結果の例を模式的に示す．不良などによる熱抵抗の変化は，直線の傾きから確認できる．

　熱抵抗測定の結果を基に，熱シミュレーションを行うことができる．以前の

第3章 パワーデバイスの不良・故障解析技術

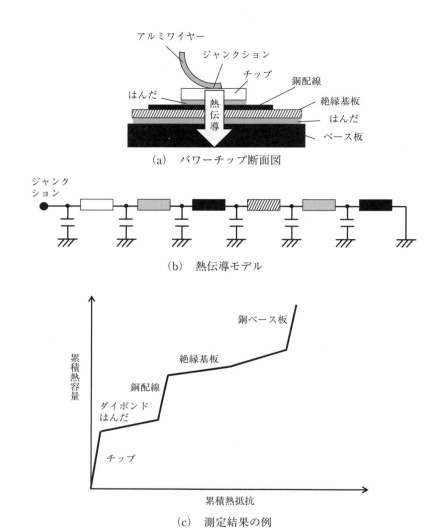

図 3.32　過渡熱測定による各部の熱抵抗測定

パワーモジュールの開発は，設計者の勘と経験で行われてきた．最近では，シミュレーションを駆使した開発が可能になってきた．パワーモジュールの開発に必要な解析技術は，電磁界解析，熱解析および応力解析である．

3.4 モジュール製造プロセス起因のデバイス不良・故障と解析技術

3.4.2 ダイボンドに起因した不良・故障と解析技術

　パワーデバイスの不良要因の1つに裏面ダイボンド部のボイドがある．図3.33に示したように，はんだ濡れ性が悪い場合，はんだ中にボイドが発生する[17]．ボイドは熱伝導を阻害するため，チップの温度上昇を引き起こし不良となる．通常裏面電極は，はんだとの合金化のためニッケルで形成されるが，ニッケルは酸化しやすいため，ニッケル表面は金などで保護する必要がある．そこに何らかの不具合があると，はんだ濡れ性が低下しボイドが発生する．ニッケルの酸化防止プロセスとして，水素やギ酸の還元雰囲気中で処理する装置が市販されている．

　ボイドは，X線や超音波を用いて評価可能である．ただし，全数検査は難しく，モジュール開発時や抜き取りでの検査となる．そのため，不良が発生して評価を行うことにより初めて発覚することが多い．さらに，製品出荷時には不良が発見できず，市場故障となるケースもある．

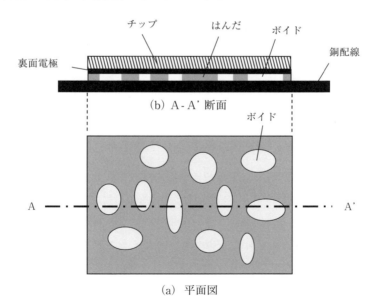

図3.33　はんだボイドによる熱抵抗不良

● ● 第3章　パワーデバイスの不良・故障解析技術

　ニッケルははんだと合金化するが，すべてのニッケルが反応してしまうと不良となる．したがって，ある程度のニッケルを残しておく必要がある．そのため，ニッケル厚はマージンを持って厚く形成しているが，装置不良（長時間停止）でニッケルがすべて合金化してしまう不良が発生することがある．ただし，ニッケルを厚くすることは，コストアップとオン抵抗増加の要因となる．

3.4.3　ワイヤーボンドに起因した不良・故障と解析技術 ● ● ● ● ●

　アルミニウムのワイヤーボンドは，デバイス直上に超音波による接合で行われる（図3.2参照）．これは，チップサイズを大きくせず大電流を流すための構造である．アルミニウムワイヤーは1チップに複数本ボンディングするが，ボンディング済のワイヤーの上に次のワイヤーがボンディングされると不良となる．したがって，ワイヤーはある程度の間隔を持ってボンディングする必要がある．そうすると打てるワイヤーの本数に限界が生じ，大電流密度化の妨げとなる．最近ではアルミニウムリボンや銅ワイヤーを用いることが検討され，一部実用化されている．

　図3.34に示したように，ボンディング部に異物が存在すると，ボンディング不良を発生させるだけでなく，直下のデバイス不良を引き起こす．モジュール製造ラインは，チップ製造ラインほどクリーン度は高くない．ダイシングやダイボンド工程での異物発生を確実に抑制することが重要である．

3.4.4　高温動作対応モジュール ● ● ● ● ● ● ● ● ● ● ● ● ● ●

　パワーデバイス用WGSとして最初に市場に投入されているのはSiCである．SiCパワーデバイスに対するT_jの要求は当面は250℃程度であるが，将来的には300℃以上が想定される．SiCパワーチップのモジュール化においてまず問題となるのがダイシングである．Siウエハのダイシングに用いられる機械的なブレードダイシングは，SiCウエハのダイシングにおいて，試作段階では適用できても量産には耐えない．そのブレークスルー技術として，レーザダイシングが開発されている．

3.4 モジュール製造プロセス起因のデバイス不良・故障と解析技術

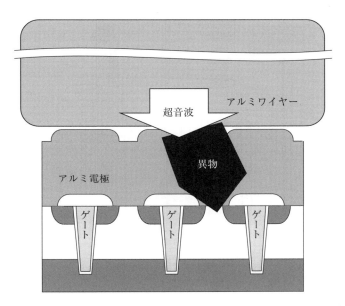

図 3.34 ワイヤーボンド不良

図 3.35 に，パワーモジュールの耐熱性の律速要因を概念的に示す[18]．桶に水を溜める場合をイメージすると判りやすい．個々の要素の性能を桶板の高さで表しており，桶に溜めることのできる水の量が耐熱性能を表していると考える．1つの要素の性能がいかに向上しても，トータルの性能は最も性能の劣る要素で律速してしまう．パワーデバイスの高温動作化において，裏面接合技術，チップの封止技術，大電流取り出しなどにブレークスルーとなる技術の開発が必要である．

200〜250℃を超えると，現状のモジュールで使用しているはんだやグリスが使用できなくなる．グリスに関しては，グリスを用いないグリスレス構造への変更が進んでいる．裏面接合に関しては，はんだに変わるダイボンド接合法として金属ナノ粒子を用いた接合が検討されている．金属をナノサイズにすると，表面積が増加し見かけ上融点が低下する．その性質を利用すると，200〜300℃程度の処理で 500℃以上の耐熱性を有する裏面接合が形成可能である．

第3章　パワーデバイスの不良・故障解析技術

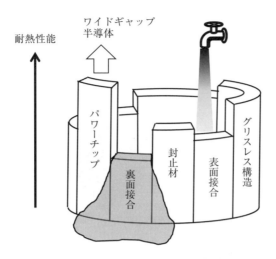

図 3.35　耐熱性の律速要因の概念図

封止材も重要である．高温で使用するほど，温度変化に対する信頼性の確保が難しくなる．そのため，周辺材料の熱膨張係数が益々重要になる．チップの熱膨張係数に近いということは，チップの伸び縮みに従って同じように伸び縮みするということであり，耐熱性が向上する．Si の熱膨張係数は〜$5×10^{-6}K^{-1}$ であり，SiC の熱膨張係数は $3.7 〜 6.6×10^{-6}K^{-1}$ である．熱膨張係数がこれらの値に近い封止材の開発が要求される．

パワーモジュールの開発時には，パワーサイクル試験およびサーマルサイクル試験が実施される[19]．図 3.36 に，パワーサイクル試験およびサーマルサイクル試験における温度変化を示す．T_c は，ケース温度であり，ベース板の底の温度である．また，動作中のアルミニウムワイヤーとパワーチップとの接合部の温度が T_j である．T_c の変化 ΔT_c および T_j の変化 ΔT_j が，信頼性試験における重要指標である．システムの起動および停止に伴い，T_c が緩やかに変化する．この変化をサーマルサイクルと呼ぶ．一方，デバイスの ON/OFF に伴い，T_j が短時間で変化する．この変化をパワーサイクルと呼ぶ．

パワーサイクルにおいて大きなストレスがかかる部分は，チップ上下の接合

3.4 モジュール製造プロセス起因のデバイス不良・故障と解析技術

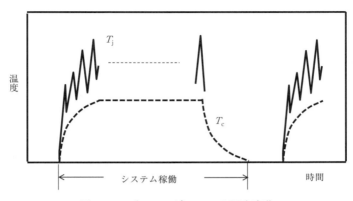

図 3.36 パワーモジュールの温度変化

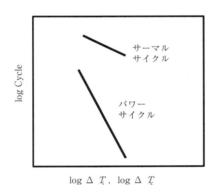

図 3.37 パワーモジュールの信頼性試験

部である．一方，サーマルサイクルにおいて大きなストレスがかかる部分は，評価の温度帯で異なり，熱膨張係数の違いでさまざまな部分にストレスがかかる．ともにストレスにより，クラックが発生し破壊に至る．これらは，パワーデバイスの主要な不具合の 1 つであり，詳細な評価の基に製品化されている．図 3.37 は，ΔT_c および ΔT_j と破壊に至るまでのサイクル数の関係である．この評価から，パワーデバイスの寿命が評価できる．デバイスメーカでは，製品開発時に必ずこれらの評価を実施しており，製品のスペックシートに結果が掲載されている．

3.5

パワーデバイスに対応したその他の解析技術

3.5.1 不良・故障箇所の同定技術 ● ● ● ● ● ● ● ● ● ● ● ● ●

　主流のパワーデバイスは縦型であり，チップ上下に電極を形成し，1チップ1素子のスイッチングデバイスおよびダイオードを製造している．デバイスの大部分は耐圧保持層であり，欠陥や汚染などで不良が発生することが多い．

　チップ表面には多数のデバイス構造が形成され，上部電極金属で短絡させている．加えて，ゲート電極やガードリングなどの構造が形成される．したがって，表面側では局所的な不良箇所同定技術が必要である．

　図3.38に，エミッション顕微鏡とOBIRCHによるトレンチゲートIGBTの電流リーク箇所の同定事例を示す[20]．故障の同定箇所は微妙に異なっている．エミッション顕微鏡とOBIRCHでは検出可能な故障モードが一部異なることによる．

　エミッション顕微鏡のみで検出された不良は，トレンチゲートが局所的に細

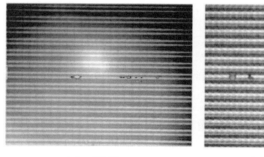

(a) EMS　　　　　　　(b) IR-OBIRCH

（出典）　山下文昭，楠茂，金敏鎬：「素子の品質管理と分析技術」三菱電機技報，Vol.84, No.4, p.261，図5（2010）．

図3.38　エミッション顕微鏡とOBIRCHによるリーク箇所の同定

3.5 パワーデバイスに対応したその他の解析技術

い形状不良である．エミッション顕微鏡とOBIRCHの両方で検出された不良は，トレンチゲート底部のゲート酸化膜の異常で，ゲートとSi基板がショートしている箇所である．OBIRCHのみで検出された不良は，トレンチゲートの開口部の形状異常である．このように，エミッション顕微鏡とOBIRCH評価の組合せにより，検出可能な故障モードが増える．

図3.39に，OBIRCHによる市販のSiC-MOSFETの電流リーク箇所の同定事例を示す[21]．評価は裏面から行っており，基板が厚く試料が傾いていると位置の特定精度が劣化する．そのため，基板を裏面研磨することにより，表面側のリーク位置の特定精度を向上させている．図3.39(a)はチップ全体での観察結果であり，図3.39(b)は高倍率で観測した結果である．パターンエッジで何らかの不良が発生していることがわかる．

不良部のTEM評価により，ゲート電極からエピタキシャル層にかけての消失箇所が確認されている．この領域でのゲート電極とソース間での短絡が不良原因と考えられる．

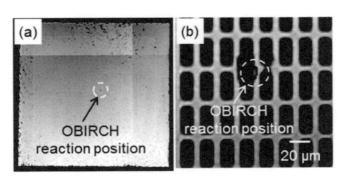

(a) チップ全体　　　　　(b) 高倍率

(出典)　© ナノテスティング学会 2017, 垂水喜明, 迫秀樹, 杉江隆一：「SiC MOSFETにおける故障箇所観察精度向上への取組み」，第37回ナノテスティングシンポジウム会議録, p.203, Fig.5（2017）．

図3.39　OBIRCHによるSiC-MOSFETのリーク箇所の同定

3.5.2 不良・故障箇所の非破壊同定技術

図 3.40 に，ロックインサーモグラフィ（LIT：Lock-In Thermography）による Si-IGBT パッケージ品の不良箇所の同定事例を示す[22]．測定には InSb カメラを用いている．LIT は，印加電圧に同期した発熱分布を取得する手法である．非破壊評価が可能であるが，観測面の放射率に依存する．特に金属は放射率が低いが，ヒートシンクに放射率の高い被覆材（テープ）を貼り付けることにより，感度を向上させている．感度は被覆材の材料依存性が大きく，ポリエステル系の被覆材で感度が高い結果となっている．

図 3.40 は超音波顕微鏡像と重ね合わせたものであるが，発熱から故障箇所を評価できている．本不良事例ではこの位置での不良原因を確認するため，その後放熱版を除去して走査レーザ顕微鏡および OBIRCH による評価を行って

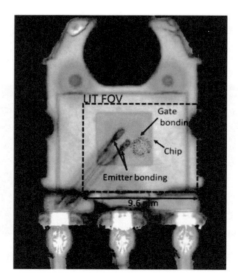

（出典）© ナノテスティング学会 2018，茅根慎通，松本徹，越川一成，「高放射率被覆材の探索によるパワー半導体デバイスの発熱解析能力向上」，第 38 回ナノテスティングシンポジウム会議録，p.4, Fig.6 (2018)．

図 3.40　ロックインサーモグラフィ（LIT）によるリーク箇所の同定

いる．その結果，この不良事例は配線における不良が原因と考えられる．

図 3.41 に，超音波刺激抵抗変動検出法(SOBIRCH：ultraSOnic Beam Induced Resistance CHange)による電流リーク箇所の同定事例を示す[23]．40MHz の超音波を，水を介して照射している．サンプルにはバイアス電圧を印加し，超音波刺激により発生したサンプルの抵抗変動を検出している．SOBIRCH は，発熱がパッケージ表面へ熱伝搬した状態を観察する LIT と比較して，絞り込み精度が向上する．

図 3.41(a)が SOBIRCH 像であり，パッケージ外部から超音波を配線上に収束させ，外部から電圧印加した抵抗値の変動を観察している．図 3.41(b)は超音波反射像との重ね合わせた結果である．チップ周辺に不良が発生していることがわかる．LIT による評価との比較を行っているが，SOBIRCH では LIT に比べ低い印加電圧で，不良推定箇所の絞り込みが可能な結果となっている．

図 3.42(a)に，磁場顕微鏡による電流リーク箇所の同定事例を示す[24]．磁場顕微鏡では，電流により発生する磁場分布を非破壊でイメージングし，数学的な変換処理により，電流経路を可視化する．そのため，パッケージ状態で

(a) SOBIRCH 像　　(b) 超音波反射像との重ね合わせ

(出典) © ナノテスティング学会 2018，松本徹，江浦茂，伊藤能弘，松井拓人，穂積直裕，「SOBIRCH のパッケージ故障解析への適用」，第 38 回ナノテスティングシンポジウム会議録，p.11, Fig.9 (2018)．

図 3.41　SOBIRCH による電流リーク箇所の同定

第 3 章　パワーデバイスの不良・故障解析技術

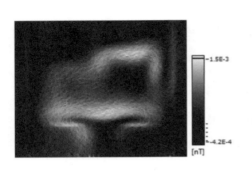 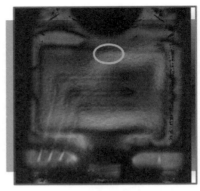

(a)　磁場顕微鏡による電流イメージ像　　　(b)　走査型超音波顕微鏡像との重ね合わせ

(出典)　© ナノテスティング学会 2017,西川紀央,堤雅義,山本幸三,照井裕二:「磁場顕微鏡を用いた非破壊でのパワーデバイスのショート箇所特定」,第 37 回ナノテスティングシンポジウム会議録,p.33,Fig8,p.34,Fig9(2017).

図 3.42　磁場顕微鏡による電流リーク箇所の同定

ショート箇所の特定が可能である.

　磁場は TMR(Tunnel Magneto-Resistance)センサで測定している.電流により発生する静磁場は,比透磁率が 1 に近い金属ではほとんど減衰されない.図 3.42(b)は,超音波顕微鏡像と重ね合わせたものであるが,外周のゲート電極から表層のソースパッド(Al ワイヤ)へ 流れる特異な経路となっており,ショート箇所と推定される.

3.5.3　多機能 SPM によるパワーデバイスの構造解析

　図 3.43 に,筆者らが開発している多機能 SPM の構成例を示す.AFM,ケルビンプローブフォース顕微鏡(KFM:Kelvin probe Force Microscope),さらに走査型容量原子間力顕微鏡(SCFM:Scanning Capacitance Force Microscope)を複合化し,ナノスケール観測システムを構築している[25].

　AFM により表面形状像を,KFM により表面電位像を,さらに SCFM では,静電気力に含まれる 3 倍の周波数成分を位相検波することで微分容量像を取

3.5 パワーデバイスに対応したその他の解析技術

得している．カンチレバーは非接触であり，電流の流れる実動作状態での測定を可能にしている．

一例として，600V 耐圧の Si-SJ（Super Junction）MOSFET の多機能 SPM による評価結果を示す．図 3.44 は，Si-SJ MOSFET の構造予想図と SCFM によ

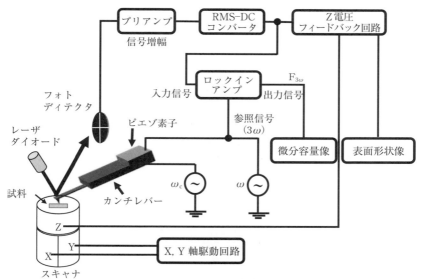

図 3.43 多機能 SPM の構成例

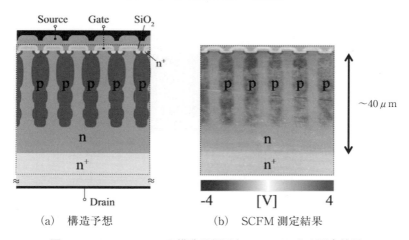

(a) 構造予想　　　(b) SCFM 測定結果

図 3.44 SJ-MOSFET の構造予想図と SCFM による測定結果

第3章 パワーデバイスの不良・故障解析技術

る測定結果である．p型領域とn型領域の繰返し構造が評価できている．また，耐圧保持層の厚さが約 $40\,\mu\mathrm{m}$ であることがわかる．この値は，SJ構造による低オン抵抗化のための構造として妥当である．

図 3.45 に，デバイス動作下での多機能 SPM による Si-SJ MOSFET の評価結果を示す[26]．$V_{DS}=0\mathrm{V}$ では，MOSFET はオフ状態である．ドレイン-ソー

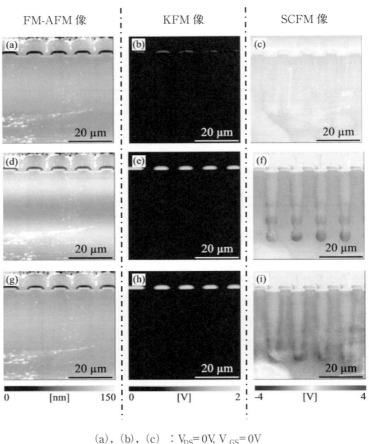

(a), (b), (c) ：$V_{DS}=0\mathrm{V}, V_{GS}=0\mathrm{V}$
(d), (e), (f) ：$V_{DS}=0\mathrm{V}, V_{GS}=5\mathrm{V}$
(g), (h), (i) ：$V_{DS}=10\mathrm{V}, V_{GS}=5\mathrm{V}, I_D=90\mathrm{mA}$

図 3.45　デバイス動作下での多機能 SPM による SJ-MOSFET

ス間に $V_{DS}=10V$, ゲート電圧 $V_{GS}=5V$ の電圧印加条件では，ドレイン電流 $I_D=90mA$ が流れている．電流を通電した状態でも，カンチレバーが非接触であるため，問題なくオペランド観測ができている．また，動作状態では，p型領域およびn型領域に広がった空乏層が評価できている．

3.5.4 WGS中の結晶欠陥の評価技術 ● ● ● ● ● ● ● ● ● ● ● ● ● ● ●

現在ウエハメーカが製造しているSi単結晶は無転位である．前述のように，エピタキシャル成長やチップ製造プロセスにより，転位や汚染などが導入される．一方，現状のWGS単結晶は多量の欠陥を有している．その中にはデバイス不良を引き起こす致命欠陥とそうでないものが混在している．現在，WGSパワーデバイスの製造歩留まりは，Siデバイスと比較して格段に劣る．チップ製造起因の不良・故障解析を進めるためにも，まずWGSウエハの致命欠陥を低減しなくてはならない．以下では，市場への投入進みつつあるSiCに関して，欠陥の評価技術を示す．

図3.46に，SiCの表面欠陥の光学顕微鏡による観察例を示す[27]．検出技術の向上により，これらの欠陥の分類およびマッピングが可能になってきている．マイクロパイプは，直径 $1 \sim 10 \mu m$ のらせん転位起因の中空欠陥である．トライアングル，キャロット，コメットなどはSiCの表面欠陥として良く見られる欠陥であり，致命欠陥となるため，低減が必須である．スクラッチは鏡面研磨起因で発生した表面の研磨傷と考えられる．

表面欠陥の測定および分類可能な装置が市販されている．ウエハメーカとデバイスメーカが，同等の検出能力を有する装置をそれぞれで所有して欠陥の解析を行い，致命欠陥の同定とそれらを低減する結晶製造技術を確立していくというフィードバックを繰り返すことが，デバイス特性および歩留まり向上につながる．

図3.47に，SiC結晶の選択エッチング法による評価結果を示す[28]．SiCの選択エッチングには，500℃程度に加熱したKOHが良く用いられる．その他に，NaOH + KOH，Na_2O_2 + KOH などが用いられる．貫通刃状転位（TED：

第3章 パワーデバイスの不良・故障解析技術

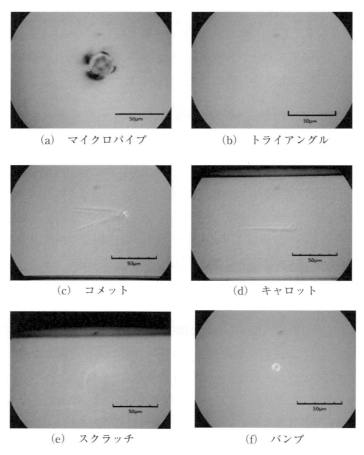

(a) マイクロパイプ　　(b) トライアングル

(c) コメット　　(d) キャロット

(e) スクラッチ　　(f) バンプ

図 3.46　SiC の代表的なウエハ表面欠陥(光学顕微鏡観察)

Threading Edge Dislocation)，貫通らせん転位(TSD：Threading Screw Dislocation)，および基底面転位(BPD：Basal Plane Dislocation)を顕在化可能である．

エッチピット密度と SiC ショットキー障壁ダイオード(SBD：Schottky Barrier Diode)の低リーク電流不良に相関があることが報告されている．貫通転位がデバイス不良を引き起こしていると考えられる．また，MOSFET にお

3.5 パワーデバイスに対応したその他の解析技術

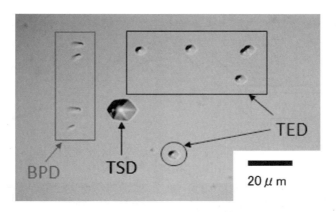

図 3.47 SiC の貫通転位と基底面転位(選択エッチング)

いては，貫通転位の表面露出部で微小ピットが形成され，酸化膜が局所的に薄化し耐圧不良を引き起こすことが報告されている[29].

積層欠陥(SF：Stacking Fault)は，確実にデバイス特性を劣化させるため，低減する必要がある．SiC デバイスでは，バイポーラ動作により転位が積層欠陥に変化することが知られている．そのため，現在市場に投入されている SiC デバイスはすべてユニポーラデバイス(SBD およびパワー MOSFET)である．図 3.48 に，SiC 結晶の積層欠陥の構造と評価結果を示す[30]．図 3.48(a)は SiC 結晶の積層欠陥の構造模式図である．最も良く用いられている SiC 基板は 4°オフの基板であり，裏面から表面に積層欠陥が抜けている．

図 3.48(b)は，透過 X 線トポグラフィによる SiC 結晶中の積層欠陥の評価結果を示す．積層欠陥が濃度のコントラストとして顕在化している．また，表面あるいは裏面に積層欠陥が抜けている場合直線となる．

図 3.48(c)は，PL 法による積層欠陥の評価結果である．線状の発光が観察されている．線状に発光しているのは，積層欠陥が表面に抜けた部分での発光が観測されたためである．

図 3.48(d)は，X 線トポグラフィと PL 測定の結果を重ね合せたものである．両者は非常に良く一致しており，同一の積層欠陥を測定していることを示唆し

第3章 パワーデバイスの不良・故障解析技術

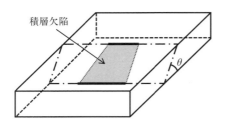
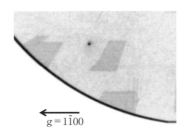

(a) SiC 結晶中の積層欠陥の構造　　(b) X 線トポグラフィによる SiC 積層欠陥の評価

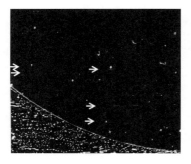
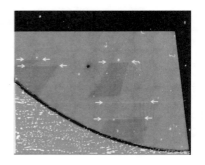

(c) PL 法による SiC 積層欠陥の評価　(d) PL 法評価と X 線トポグラフィ評価の重ね合わせ

図 3.48　SiC 結晶中の積層欠陥の構造と評価

ている．

図 3.49 に，ミラー電子顕微鏡(MEM：Mirror Electron Microscopy)による SiC 積層欠陥の評価結果を示す[30]．ミラー電子顕微鏡の装置構成は，通常の SEM と同様である．試料に負バイアスを印加することにより，入射電子をすべて反射させる．反射電子の方向は，表面形状および表面電荷による電位形状を反映しており，それが画像化される．

ミラー電子顕微鏡による評価により，ウエハ表面の積層欠陥およびウエハ表面から内部に積層欠陥が侵入していく様子が評価できている．図には X 線トポグラフィの評価結果との対応を示している．内部に侵入する角度はそれぞれの積層欠陥ごとに異なるが，X 線トポグラフィとミラー電子顕微鏡で測定した

3.5 パワーデバイスに対応したその他の解析技術

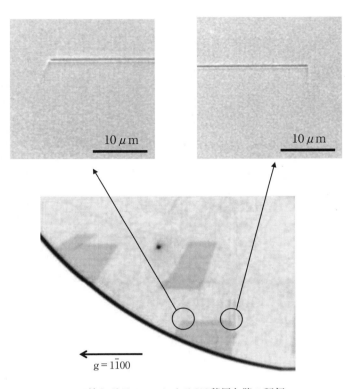

X線トポグラフィによるSiC積層欠陥の評価

図 3.49 ミラー電子顕微鏡による SiC 積層欠陥の評価

角度はすべての積層欠陥で一致した.

　図 3.50 に，TEM による SiC 積層欠陥の評価結果を示す．4H-SiC 結晶中に挿入された積層欠陥の層構造が明確に評価できている．図 3.49(a) の場合は，上下の 4H 構造の周期性 (4 の倍数) が崩れており ($3×3 = 9$)，X 線トポグラフィで測定可能である．一方，図 3.49(b) の場合は，上下の 4H 構造の周期性が保存されており ($3×4 = 12$)，X 線トポグラフィでは測定できていない[31].

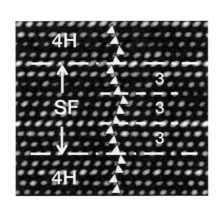 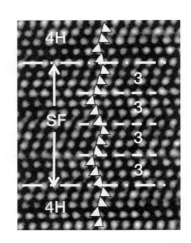

(a) X線トポグラフィで測定可能　　(b) X線トポグラフィでは測定不可能

図 3.50　ミラー電子顕微鏡による SiC 積層欠陥の評価

コラム

パワーデバイス用ウエハの大口径化

　筆者は，パワーデバイスの 200mm ウエハ化を推進した．当時のデバイスメーカで，200mm ウエハでパワーデバイスを量産しているメーカはなかった．立ち上げの最初のデバイスとして，1200V 耐圧の IGBT を選定した．ウエハにはエピタキシャルウエハを用い PT タイプの IGBT の試作を行った．エピタキシャル層の厚さとして約 $100\mu m$ の厚さが要求されるが，ウエハメーカとしてはあまり受けたくなる仕様ではない．それでも，LSI の需要が比較的逼迫していない時期であり，供給してもらえた．200mm ウエハ対応のエピタキシャル装置は，COP 対策として筆者がウエハメーカに導入してもらったもので，パワーデバイスの 200mm ウエハ化に役だった．

コラム　パワーデバイス用ウエハの大口径化 ● ●

　表 C3-1 に，Si パワーデバイス用 300mm 結晶の候補となる技術を示す．表中には，技術的な課題とその難易度を示した．結論からいうと，まだ決定打は見出されていない．ガスドープ FZ 結晶は現状の 200mm 結晶の延長であり魅力的であるが，技術的ハードルが高い．中性子照射法は，小口径ウエハに対して古くから用いられてきたが，原子炉が必要であり，300mm ウエハに対しては現実的ではない．MCZ（Magnetic field applied CZ）法においては，実用化の妨げとなっていた偏析現象を克服する必要がある．結晶製造メーカの技術開発に期待したい．エピタキシャルウエハも候補となる．従来の p^{++} 基板上への成長は，反りの問題で困難であろう．一方，薄ウエハプロセスの組合せは技術的ハードルが低い．この場合，基板はすべて研削により除去するので，p^{++} 基板を用いる必要はない．したがって，ウエハの反りは問題とならない．

表 C3-1　パワーデバイス用 300mm 結晶の候補

候　補	課　題 など	難易度 コスト
ガスドープ FZ 結晶	・不純物濃度の制御（面内均一性） ・粒状ポリシリコンの連続投入	△
MCZ 結晶＋中性子照射	・結晶育成は問題ない ・中性子照射は量産性なし	×
融液成長 MCZ 結晶	・不純物濃度の制御（長尺方向） 　→ ガスドーピングなどの技術開発	△
n/p^{++} エピタキシャルウエハ ＋ライフタイム制御	・ライフタイム制御は問題ない ・ウエハ反り	×
n/i エピタキシャルウエハ ＋薄ウエハプロセス	・基板濃度不問 ⇒ 反りに強い ・ライフタイム制御不要	△

　欧州の世界最大のパワーデバイスメーカはすでに 300mmSi ウエハでのパワーデバイス製造を開始している．一方，日本のパワーデバイスメーカでは，いまだに 300mmSi ウエハ化は進んでいない．このままでは，日本のパワーデバイスの地位が落ちていくことが危惧される．

第3章 パワーデバイスの不良・故障解析技術

第3章の演習問題

問題1：キャリア密度の評価

次の手法のうち，半導体中のキャリア密度の評価法として適さないのはどれか？

(1) 四探針法
(2) DLTS
(3) SR
(4) C-V法
(5) ホール効果

問題2：構造欠陥（結晶の乱れに起因した結晶欠陥）の評価

次の手法のうち，構造欠陥の評価法として適さないのはどれか？

(1) TEM
(2) X線トポグラフィ
(3) μ-PCD
(4) SEM
(5) 選択エッチング

問題3：Si中炭素の高感度評価

次の手法のうち，Si中炭素の最も高感度な非破壊評価法はどれか？

(1) FTIR
(2) SIMS
(3) μ-PCD
(4) PL
(5) SPM

・演習問題の解答は，日科技連出版社のホームページよりダウンロードできます．
　https://www.juse-p.co.jp/

第 3 章の参考文献

[1] 山本秀和：『パワーデバイス』コロナ社，7.2.1 項，p.88，2012 年 2 月．

[2] 山本秀和：『パワーデバイス』コロナ社，6.1.2 項，p.68，2012 年 2 月．

[3] 山本秀和：『パワーデバイス』コロナ社，9.4 節，p.126，2012 年 2 月．

[4] 山本秀和：『はかる × わかる半導体 パワーエレクトロニクス編』，日経 BP コンサルティング，3.1.5 項，p.133，2019 年 5 月．

[5] 山本秀和：『はかる × わかる半導体 パワーエレクトロニクス編』，日経 BP コンサルティング，3.2.3 項，p.141，2019 年 5 月．

[6] 山本秀和：『ワイドギャップ半導体パワーデバイス』コロナ社，3.1.4 項，p.27，2015 年 3 月．

[7] Hidekazu Yamamoto and Tamotsu Hashizume："Selection of silicon wafer for power devices and the influence of crystal defects including impurities", *Phys. Status Solidi* C 8, pp.362-665(2011)．

[8] 山本秀和：「パワーデバイス用 Si 結晶」，電気学会誌，137 巻，pp.675-676，2017 年．

[9] 山本秀和：『パワーデバイス』，コロナ社，9.3.2 項，p.123，2012 年．

[10] Naoto Kitaki, Shota Yamaga, Kohta Kawamoto, and Hidekazu Yamamoto, "Elucidation of Misfit Dislocation Generation Mechanisms in Silicon Epitaxial Wafers", The 6th International Symposium on Advanced Science and Technology of Silicon Materials, E-18, pp.123-126 (2012)

[11] 中居克彦，二木登史郎，永井哲也，野網健悟，山本秀和：「X 線トポグラフィ，TEM による Si 中の転位評価」，応用物理学会 シリコンテクノロジー分科会，2015 年．

[12] 山本秀和：『ワイドギャップ半導体パワーデバイス』，コロナ社，9.2.2 項，p.122，2015 年 3 月．

[13] 田島道夫，佐俣秀一，中川聡子，織山純，石原範之：第 80 回応用物理学会秋季学術講演会 講演予稿集，18p-C212-1，2019 年．

[14] Daiki Tsuchiya, Koji Sueoka, and Hidekazu Yamamoto："Density Functional Theory Study on Defect Behavior Related to the Bulk Lifetime of Silicon Crystals for Power Device Application", *Phys. Status Solidi* A, 1800615(1 to 17)(2019)．

[15] 清井明：「パワーデバイス用 Si のライフタイム制御工程で生じる点欠陥の評価」，第 6 回パワーデバイス用シリコンおよび関連半導体材料に関する研究会，2018 年．

● ● 第3章 パワーデバイスの不良・故障解析技術

[16] 八坂慎一，三橋雅彦，田口勇，篠原俊朗：「熱過渡特性測定システムの構築」，神奈川県産業技術センター研究報告，pp.6-10，2014年.

[17] 山本秀和：『ワイドギャップ半導体パワーデバイス』，コロナ社，15.1.5項，p.180，2015年3月.

[18] 山本秀和：『ワイドギャップ半導体パワーデバイス』，コロナ社，15.2.1項，p.181，2015年3月.

[19] 両角朗，山田克己，宮坂忠志：「パワー半導体モジュールにおける信頼性設計技術」，富士時報，74巻，pp.145-148，2001年.

[20] 山下文昭，楠茂，金敏鎬：「素子の品質管理と分析技術」，三菱電機技報，84巻，pp.259-262，2010年.

[21] 垂水喜明，迫秀樹，杉江隆一：「SiC MOSFETにおける故障箇所観察精度向上への取組み」，第37回ナノテスティングシンポジウム会議録，pp.201-206，2017年.

[22] 茅根慎通，松本徹，越川一成：「高放射率被覆材の探索によるパワー半導体デバイスの発熱解析能力向上」，第38回ナノテスティングシンポジウム会議録，pp.1-6，2018年.

[23] 松本徹，江浦茂，伊藤能弘，松井拓人，穂積直裕：「SOBIRCHのパッケージ故障解析への適用」，第38回ナノテスティングシンポジウム会議録，pp.7-12，2018年.

[24] 西川記央，堤雅義，山本幸三，照井裕二：「磁場顕微鏡を用いた非破壊でのパワーデバイスのショート箇所特定」，第37回ナノテスティングシンポジウム会議録，pp.31-34，2017年.

[25] 佐藤宣夫，「走査型容量原子間力顕微鏡によるパワー半導体デバイスのナノスケール評価」，第38回ナノテスティングシンポジウム会議録，pp.55-58（2018）.

[26] Atsushi Doi, Mizuki Nakajim, Sho Masuda, Nobuo Satoh, and Hidekazu Yamamoto："Cross-sectional observation in nanoscale for Si power MOSFET by atomic force microscopy/Kelvin probe force microscopy/scanning capacitance force microscopy", *Japanese Journal of Applied Physics*, 58, SIIA04 (2019).

[27] 山本秀和：『ワイドギャップ半導体パワーデバイス』コロナ社，9.1.1項，p.108，2015年3月.

[28] 山本秀和：『ワイドギャップ半導体パワーデバイス』コロナ社，9.1.2項，p.110，2015年3月.

[29] 渡辺行彦，勝野高志，石川剛，藤原広和，山本敏雅：「SiC ショットキーダイ

オードの特性と欠陥の関係」，表面科学，35 巻，pp.84-89，2014 年.

[30] Hidekazu Yamamoto："Assessment of Stacking Faults in Silicon Carbide Crystals", *Sensors and Materials*, vol.25, pp.177-187（2015）.

[31] 山本秀和：『ワイドギャップ半導体パワーデバイス』コロナ社，9.1.3 項，p.110，2015 年 3 月.

第4章

化合物半導体発光デバイスの
不良・故障解析技術

　本章では，発光デバイスの劣化解析技術を系統立てて述べる．まず，発光デバイスの信頼性について導入的に説明する．次いで，発光デバイスに不可欠な信頼性試験について，それらの目的を示しつつ概説する．そして，劣化解析の要素技術，すなわち，外観検査技術，電気的評価技術，光学的評価技術，結晶学的評価技術および化学組成評価技術について説明する．最後に，発光デバイスの信頼性解析のフローチャートについて，外観検査から劣化部の構造解析に至る解析工程を，事例を紹介しつつ系統的に述べる．

●　●　第4章　化合物半導体発光デバイスの不良・故障解析技術

　半導体レーザやLEDなどのⅢ−Ⅴ族化合物半導体発光デバイスは，現在，光ファイバ通信用としてはもちろんのこと，情報通信，モバイルなどのシステム用，各種表示，ディスプレイ，オーディオ・ビデオ機器，照明用，医療用，さらには溶接など社会，産業の広範な分野に用いられている．それだけに，多岐にわたる分野でのデバイスの使用において，デバイスの劣化によるシステムや電子機器の障害や不具合が起こることが少なくない．

　したがって，これらの障害を未然に防止するためにも，素子の長期信頼性を確保することが不可欠である．そのためには，デバイスの開発現場では，スクリーニング試験や信頼性試験中に劣化した素子の劣化解析により，メカニズムを解明し，素子作製プロセスへのフィードバックが必要である．

　また，素子を搭載した電子機器やシステムにおけるフィールド障害（顧客の使用時）の場合にも，メーカによる同様のプロセスが必須となる．発光デバイスの劣化解析は，LSI他のデバイスの解析とは一部は同様であるものの，固有の解析手法もあり，その系統だったフローチャートはあまり詳しく示されていない．

　そこで，本章では，長年の経験に基づいた発光デバイスの劣化解析技術を系統立てて述べる．まず，発光デバイスの信頼性について導入的に説明する．次いで，発光デバイスに不可欠な信頼性試験について，それらの目的を示しつつ概説する．そして，劣化解析の要素技術，すなわち，外観検査技術，電気的評価技術，光学的評価技術，結晶学的評価技術および化学組成評価技術について説明する．最後に，発光デバイスの信頼性解析のフローチャートについて，外観検査から劣化部の構造解析に至る解析工程を，事例を紹介しつつ系統的に述べる．

4.1

化合物半導体発光デバイスの動作原理と構造

4.1.1　発光ダイオード(LED)　●　●　●　●　●　●　●　●　●　●　●　●　●

　発光ダイオードは，その名のとおり，光を放射するダイオードである．LED

150

4.1 化合物半導体発光デバイスの動作原理と構造

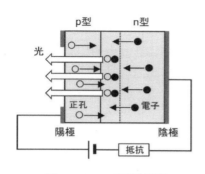

図 4.1　LED の動作原理

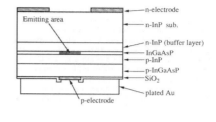

図 4.2　LED の構造

は，図 4.1 に示すように，pn 接合を有する半導体で，順方向電圧を印加すると，n 側領域からは電子が，また p 側領域からは正孔が pn 接合部に移動して（電流が流れて），再結合し，その際に光を発生する．すなわち，自由電子と正孔が結合する際に発生するエネルギーが光となって放出される．

このエネルギー幅を禁制帯幅（バンドギャップ）といい，材料によって異なる．この幅が狭ければ，より長波長の光，広ければ短波長の光が発せられる．通信用 1.3 μm 帯 InGaAsP/InP LED の断面構造の例を図 4.2 に示す．この場合には，発光部は 60 μm 径の円形となっており，光は上方に取り出し，光ファイバにつなげる．

4.1.2　半導体レーザ（LD）

半導体レーザ（LD）も基本的には，LED と同様に pn 接合（ダブルヘテロ接合）から構成される．しかし，LD はストライプと呼ばれる幅が 1〜数 μm 程度の狭い領域に注入された電流が集中される構造になっており，その領域において電子と正孔が効率よく再結合され，レーザ光が発生する．また，レーザチップの対向する面はへき開により鏡面になっており，全体として共振器を形成している．そのため，光は共振器内を往復することにより増幅され外部に取り出される．

図 4.3，図 4.4 に，半導体レーザの動作原理および埋め込み型 0.8 μm 帯

第4章 化合物半導体発光デバイスの不良・故障解析技術

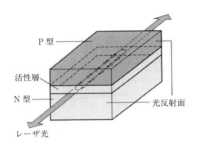

図 4.3　半導体レーザの動作原理　　図 4.4　半導体レーザの構造模式図

GaAlAs 系レーザの構造模式図をそれぞれ示す．

4.2
化合物半導体発光デバイスの信頼性（半導体レーザの例）

　本節では，発光デバイスの劣化解析技術の講座に入る前に，素子の信頼性を評価解析するにあたって，注意すべきいくつかの要点について述べる．

4.2.1　基本特性

　図 4.5 に，半導体レーザの特性の基本である電流－光出力特性曲線（I-L カーブともいう）を示す．レーザは，電流を流すと最初は自然放出光が発生するが，閾値電流 I_{th} に到達して初めて発振する．その後，電流の増加とともに，光出力が増大していく．発振後の I-L カーブの傾きは，$\Delta P_0 / \Delta I$ で表され，これを微分量子効率あるいはスロープ効率といい，傾きの直線性がよく急峻なほど特性がよいとされる．

　レーザの信頼性を評価する指標として重要なのは，閾値電流，定出力駆動時の動作電流およびスロープ効率の変化率などである．すなわち，劣化が進めば，閾値が増加し，定出力駆動での駆動電流も増大するし，さらには，スロープ効率も傾きが緩やかになってくる．

4.2 化合物半導体発光デバイスの信頼性(半導体レーザの例)

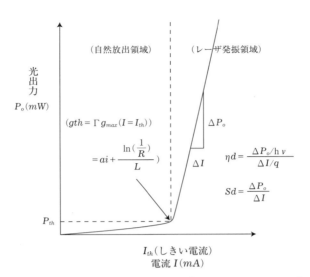

(出典) 米津宏雄：『半導体レーザと応用技術』，工学社，p.21，図 1.4，1986 年．

図 4.5　半導体レーザの電流－光出力特性曲線

4.2.2　不良解析(良・不良の判定)

デバイスメーカでは，素子の信頼性試験を行う前に，通常，良品不良品の判定をして，選別を行う．図 4.6 にその判別例を示す．図 4.6(a)は，典型的な半導体レーザの I-L カーブで，正常なものである．ところが，中には，図 4.6(b)のように，I-L カーブに折れ曲がりが生じている場合がある．これを，キンクと呼んでいる．このような場合には，レーザは，モードが不安定になったり，ノイズが多く出たりして，不良が判別できる．不良チップには，マーカで傷をつけたりして(マーキングという)識別できるようにして，あとで，不良品は一括して除去される（良品チップの選別）．

4.2.3　劣化に伴う特性の変化

前項で述べた良・不良判定において，良品として選別されたレーザ素子は，その後どのような経過を踏むのであろうか．図 4.7 には，典型的な良品のレー

第4章 化合物半導体発光デバイスの不良・故障解析技術

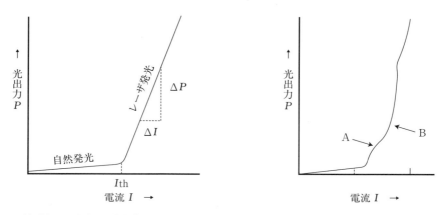

（出典） 中島尚男：『半導体レーザ入門』，廣済堂産報出版，p.76，図 7.3，1984 年．

図 4.6 半導体レーザの電流－光出力特性による良・不良の判定

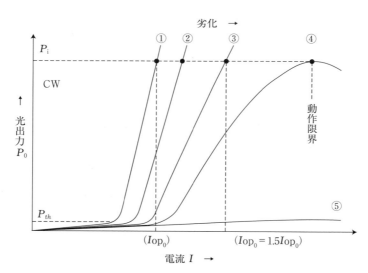

（出典） 米津宏雄：『半導体レーザと応用技術』，工学社，p.96，図 3.1，1986 年．

図 4.7 劣化の進行に伴う電流－光出力特性曲線の変化

ザ素子の I-L カーブの時間変化が模式的に記してある．

　この図 4.7 では，レーザの①から⑤までの 5 段階にわたる特性の変化が示さ

れている．①が，通電開始時の I-L カーブである．正常な形をしている．②は，ある時間経過後のカーブで，閾値がやや増加し，スロープ効率もやや傾いてきている．また，定出力 Pi を維持するための電流 I_{op} もやや増加している．もう少し時間がたった場合の特性を③に示す．この場合には，閾値がかなり増加するとともに，スロープ効率に飽和傾向が見られてきている．また，I_{op} は初期の値に比べると，50% も増加している．さらに時間が経過すると，④のように閾値が顕著に増大するとともに，スロープ効率も飽和が見られる，初期の光出力を維持するのがやっとという状態になっている．さらに動作させると，ついに⑤のように発振停止状態になる．

4.2.4 寿命の定義

前項で述べた一連のレーザの動作履歴において，素子の寿命をどのように定義したらよいのか，迷うところであるが，通常，デバイスメーカでは，次のような定義を行っている．

寿命の定義：

1) 閾値電流

$$I_{th} = 1.2\ I_{th}^0\ (I_{th} > 100\text{mA}，特性の劣るデバイス群)$$
$$I_{th} = 1.5\ I_{th}^0\ (I_{th} < 50\text{mA})，特性の優れたデバイス群$$

2) 通電電流（定出力駆動）

$$I = 1.2\ I\ (op_0)\ (I_{th} > 100\text{mA}，特性の劣るデバイス群)$$
$$I = 1.5\ I\ (op_0)\ (I_{th} < 50\ \text{mA})，特性の優れたデバイス群)$$

ここで，I_{th}^0 および $I\ (op_0)$ は，それぞれ，初期の閾値電流および定出力を維持するための駆動電流である．このように寿命を定義することによって，4.3.2 項で述べる高温加速試験に役立てることができる．

4.2.5 デバイスの一般的な劣化の振舞い

最後に，デバイスの一般的な劣化の振舞いについて述べる．図4.8 は，半導体レーザの定出力駆動での動作電流の時間変化を示している．まず，実線で示

第 4 章 化合物半導体発光デバイスの不良・故障解析技術

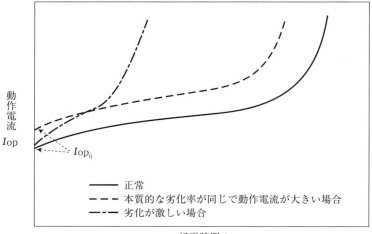

（出典）　米津宏雄：『半導体レーザと応用技術』，工学社，p.102，図 3.5，1986 年.

図 4.8　劣化の進行に伴う動作電流の変化（半導体レーザ：定出力動作）

したものは正常な素子の場合で，動作電流は初期から緩やかな増加を示し，かなりの時間を経て劣化速度を増し寿命となる．また，破線で示したものは，初期の動作電流は大きいものの，その劣化率は，正常品となんら変わらないので，これも正常な変化といえる．一方，一点鎖線で示したものは，明らかに初期から劣化率が高く，初期劣化品（不良品）として，除去される．

4.3 化合物半導体発光デバイスの信頼性試験

　デバイスの信頼性試験には，LSI の試験に見られるように電子部品としての多岐にわたる試験がある場合が多いが，発光デバイスの信頼性試験として固有のものはさほど多くはない．ここでは，その主な試験方法として，通電試験，温度加速試験，大電流加速試験，および ESD 試験の 4 つについて概説する．

4.3 化合物半導体発光デバイスの信頼性試験 ● ●

4.3.1 通電試験 ●

　これは，文字どおり単純な通電試験である．ただし，半導体レーザでは，APC（定出力動作），すなわち，出力を例えば5mWとして，それを維持するように，電流を調整する．通常は，時間とともに，徐々に劣化するので，通電電流が緩やかに上昇していく．LEDの場合には，ACC（定電流動作），すなわち，電流を例えば，100mAとして，時間とともに徐々に低下する出力変化を見ていく．

　この試験も，目的に応じて2種類の試験がある．1つは，短時間（100時間が目安）での通電試験である．これをスクリーニング（良品選別試験）という．このくらいの短時間でも劣化するものは劣化する．いわゆる速い劣化である．つまり，この方法では，急速劣化品を除去し，良品を選別する．不良素子は，意図的に傷を入れたりして（マーキングという），後で選別する．最近は，この作業を自動化しているメーカが多い．もう1つは，与えられた環境，条件（周囲温度，光出力など）での比較的長期にわたる試験で，寿命試験（あるいは長期信頼性試験）とも呼ばれる．これは，顧客の要求する条件での寿命を保証する試験といってよい．通常は，高温での，比較的高い出力での試験を一定の素子数（通常は，8素子程度）について行う．その例を，図4.9に示す．

　これは，通信用1.3μm帯半導体レーザの寿命試験であり，70℃，10mWおよび50℃，5mWの2水準での寿命試験を平行して行っている．この後，顧客の要求する時間（例えば，10,000時間）まで通電し，問題ないことを証明することとなる．

4.3.2 高温加速試験（寿命予測） ● ● ● ● ● ● ● ● ● ● ● ● ● ● ● ●

　また，所望の温度での寿命を求めるための（数点の）高温加速試験も重要な試験の1つである．これは，低い温度では，寿命を予測できない場合に，意図的にかなり高いいくつかの温度（例えば80〜200℃）で通電試験を行い，そのときのデータをもとに，アレニウスプロットという手法を用いて，所望の温度

第4章 化合物半導体発光デバイスの不良・故障解析技術

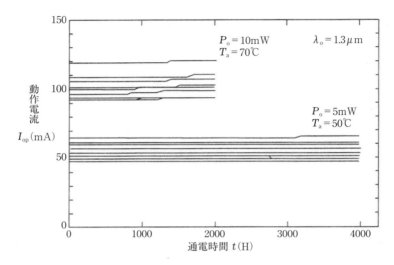

(出典) 米津宏雄:『半導体レーザと応用技術』, 工学社, p.104, 図3.6(c), 1986年.

図 4.9 通信用 1.3μm 帯 InGaAsP/InP レーザの寿命試験

(例えば50℃)での寿命を推定することを目的としている．レーザの寿命に関しては，すでに4.2節で述べた．また，寿命(τ)は，一般に以下のような式で定義される．

$$\tau = \tau_0 \exp(-Ea/kTj)$$

ここで，k：ボルツマン定数，Tj：接合温度(K)，τ_0：定数，Ea：活性化エネルギー(eV)である($k = 8.6157 \times 10^{-5}$(eV/K))．

一方，LEDの場合には，定出力動作での，劣化率 β を求めて寿命を推定する．具体的には，図4.10に示すように，初期の出力からの変化，すなわち，相対出力(P/P_0)の時間変化を表す直線の傾きから，その温度での劣化率βを求める．これらのパラメータの関係は以下の式で表わされる．

$$P = P_0 \exp(-\beta t)$$

また，劣化率 β は，以下のように表わされる．

$$\beta = \beta_0 \exp(-Ea/kT)$$

このようにして得られたβと1/Tをプロットして得られたものを図4.11に

4.3 化合物半導体発光デバイスの信頼性試験

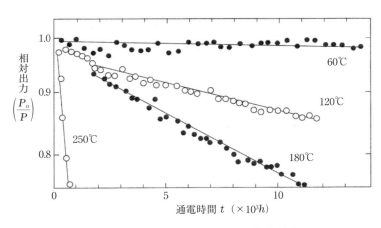

図 4.10　AlGaAs DH LED の高温寿命試験

示す.

　これをアレニウスプロットという．このグラフから，所望の温度での寿命を外挿により求めることができる．また，この直線の傾きから，活性化エネルギー Ea(eV) を求めることができる．活性化エネルギーは大きな値を示すほど，そのデバイスは信頼度が高いといえる．この場合は，AlGaAs/GaAs 系 LED の例で，活性化エネルギーは，0.56 eV と標準の値といえる．この値は，他の実験結果(深い準位の評価)などと付き合わせることにより，劣化メカニズムを推定できることもあるので，重要である．

　図 4.12 は，InGaAsP/InP 系 LED の高温加速試験の例で，用いた電極材料の違いにより，劣化率が大きく異なることがわかる．すなわち，ノンアロイ電極を用いたほうが，劣化率が低くより信頼度が高いことを物語っている．

　また，図 4.13 の InGaAsP/InP 系 LED の加速試験から得られたアレニウスプロットを図 4.14 に示す．この場合には，発光波長によらず直線に乗ることから，劣化は，結晶組成によらないことが示唆される．また，これから得られた活性化エネルギーは，約 1.0 eV となり，AlGaAs/GaAs 系 LED の場合よりも大きく，信頼度が高いことが判明した．また，InP 中の Au の拡散に関する活性化エネルギーが，1.2 eV と近い．さらに，Au に対するバリア性の高い

第 4 章 化合物半導体発光デバイスの不良・故障解析技術

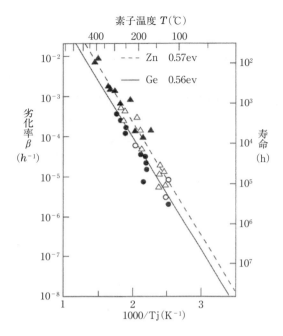

図 4.11 AlGaAs DH LED の劣化率のアレニウスプロット

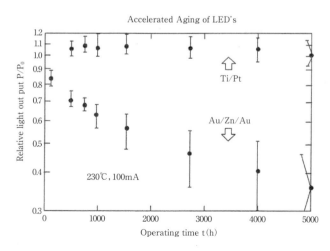

図 4.12 InGaAsP/InP DH LED の高温寿命試験（電極材料依存性）

4.3 化合物半導体発光デバイスの信頼性試験

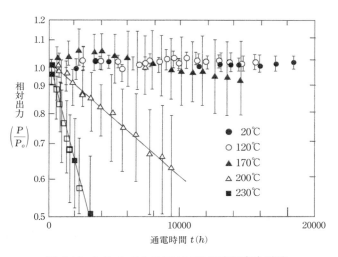

図 4.13 InGaAsP/InP DH LED の高温寿命試験

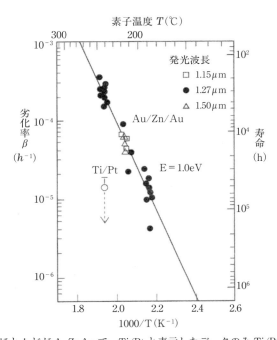

P 電極は，ほとんどが AuZnAu で，Ti/Pt と表示したデータのみ Ti/Pt/Au を使用

図 4.14 InGaAsP/InP 系 LED の高温寿命試験から得られたアレニウスプロット

Ti/Pt/Au 電極を用いた方が，寿命が1桁以上伸びている（図 4.14）．したがって，この場合の劣化は，通電中の Au の拡散に起因するものと推定される．

4.3.3 大電流通電試験

また，サージ電流（スイッチ On/Off 時における過大電流）による劣化の強度を調べるための高電流パルス試験もよく行われる．これはきわめて単純な試験で，素子に，1ショットの電流パルスを徐々に増加させながら印加してゆき，劣化する電流値を求める試験である．この際，パルス幅依存性も調べることが多い．

図 4.15 に，LED の大電流パルス試験の結果を示す．通常，右肩下がりになる．すなわち，パルス幅が長いほど，破壊電流値は低くなる．

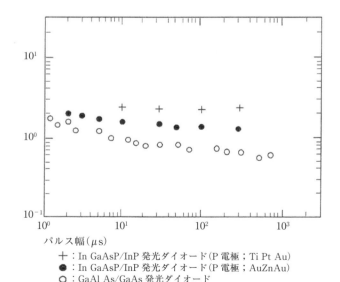

＋：In GaAsP/InP 発光ダイオード（P 電極；Ti Pt Au）
●：In GaAsP/InP 発光ダイオード（P 電極；AuZnAu）
○：GaAl As/GaAs 発光ダイオード

図 4.15　LED の大電流パルス試験結果

4.3　化合物半導体発光デバイスの信頼性試験 ● ●

4.3.4　ESD 試験 ●

　静電気破壊(ESD)による劣化を調べるための試験(ESD 試験と呼ぶ)もよく行われる．図 4.16 に典型的なヒューマンボディモデル(HBM)に基づいた ESD 試験の回路構成，試験条件などを示す．この場合には，組立作業者がチップをハンドリングしている場合に生じる静電気量を想定して，試験を行う．この場合には，所定の増加率で電圧を印加していき，破壊するまで行う．この実験では，順方向と逆方向の電圧を印加する．順方向の ESD 試験での劣化現象としては，大電流印加試験と同様の場合(例えば，半導体レーザの光学損傷(COD)は，順方向の ESD 試験でも起こる)がある．

　以上の試験のほか，高温放置試験や，パッケージングされたものについては，高温高湿試験，温度サイクル試験なども必要に応じて行われる．

試験項目	JEITA 規格番号	試験の目的	条件	関連規格
静電破壊 (HBM/ESD)	EIAJ ED-4701/300 試験方法 304	デバイスの取り扱い中に受ける静電気に対する耐性を評価する．	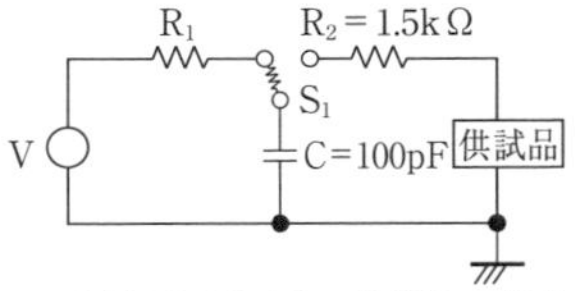 R_1　$R_2=1.5\mathrm{k}\Omega$　S_1　V　$C=100\mathrm{pF}$ 供試品 V：直流電圧(正負両極性)，規定による Ta：25℃ 印加回数：3 回 印加端子：基準端子を除く全端子 (MM/ESD：参考試験) 　$C = 200\mathrm{pF}$ 　$R2 = 0\Omega$ 　印加回数：1 回	MIL-STD-883C 3015.6 JESD22-A114

図 4.16　ヒューマンボディモデル(HBM)に基づいた ESD 試験の回路構成，試験条件

163

● ● 第4章 化合物半導体発光デバイスの不良・故障解析技術

4.4

化合物半導体発光デバイスの不良・故障解析の要素技術

　半導体発光デバイスの劣化解析では，まず非破壊検査として外観検査を行った後，電気的評価，光学的評価，そして最終的には劣化部の結晶学的(構造，組成などの)評価を行う．ここでは，それらの要素技術について詳説する．

4.4.1　外観検査技術 ● ● ● ● ● ● ● ● ● ● ● ● ● ● ● ● ● ● ●

　外観検査技術としては，まず光学顕微鏡(微分干渉顕微鏡)があげられる．また，高倍率で観察できる走査型電子顕微鏡(SEM)もよく用いられる．

(1)　微分干渉顕微鏡

　微分干渉顕微鏡は光の干渉を利用した顕微鏡で，現在，半導体結晶の表面の観察に不可欠なものとなっている．この顕微鏡によれば，物体の立体的な観察ができるだけでなく，表面の微小な凹凸の検出も可能である．また，干渉色を利用して像を観察することにより，色彩豊かな像が得られる．図4.17に透過型の微分干渉顕微鏡の概略図を示す．

　偏光子を通った直線偏光が，まずウォラストンプリズム(Wollaston prism)*と称するプリズムにより，互いに直交する1組の直線偏光として角度分離される．これらの偏光は，収束レンズにより平行光とされ，試料を通過すると位相変化を受ける．この時点では両者の間には位相差はないが，この後対物レンズ，ウォラストンプリズムを通過すると，両者の光軸が合うため，位相差 δ を生じる．しかし，このままでは両者の振動面が互いに直交しているので，検光子を介して振動面方向の成分を取り出すことにより干渉を起こさせる．この位相差 δ は次式で与えられる．

＊方解石または水晶の直角プリズムを2個その斜辺を共用するようにして直方体状に組み合わせたプリズムである．このプリズムにより，互いに直交する直線偏光が1組得られる．

4.4 化合物半導体発光デバイスの不良・故障解析の要素技術

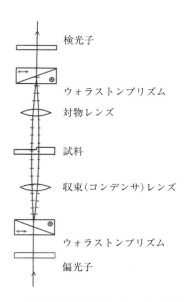

図 4.17 透過微分干渉顕微鏡の断面模式図

$$\delta = \frac{2\pi P}{\lambda}\left(n\frac{\partial t}{\partial x} + t\frac{\partial n}{\partial x}\right)$$

ここで，P は横方向のずれ量，λ は光の波長，n は試料の屈折率，t は試料の厚さである．ここで，n が一定とすると，δ は厚さの微分に比例するから，得られる像は，試料の厚さまたは表面の凹凸の変化を反映したものとなる．半導体結晶の表面の観察には反射型の微分干渉顕微鏡が用いられるが，その原理は透過型のものと基本的には同じである．この方法を用いれば，結晶表面の大きな段差から，10 nm 程度の微小な凹凸でもコントラスト差として観察することができる．

ただし，この方法の欠点として，δ の符号が決まらないので絶対的な凹凸の判断ができないこと，また凹凸に対する感度が横ずれ量 P の方向において最大となり，直交する方向で 0 となるため，視野全体が同一の感度で得られないことなどがあるので注意を要する．

(2) 走査電子顕微鏡（SEM）

走査型電子顕微鏡（SEM：Scanning Electron Microscope）は，バルク試料を評価するのに最も重要な電子顕微鏡である．装置の模式図を図 4.18 に示す．この装置の場合，電子銃から発生した電子ビームを加速後，1-3 段階でビームを収束化させ，最終的な電子プローブを得る．このプローブを試料表面で走査させる．プローブ径は，用いるフィラメントにより異なるが，タングステンヘアピンフィラメントの場合で，5-10nm，LaB_6 フィラメントでは 2-5nm，また電界放出型電子銃（field emission gun）では 0.5-2nm である．最小プローブ径は，最小許容電流（10^{-12}-10^{-11}A）で制限される．

像は，試料表面化を走査させた電子ビームと試料との相互作用により生じたあらゆる信号を輝度変調して，CRT 上に映し出す．ここで，最も良く使用される信号は，2次電子（2-5eV のエネルギーを有する）および反射電子（入射電子のエネルギーから約 50 eV までのエネルギーを有する）である．このほか

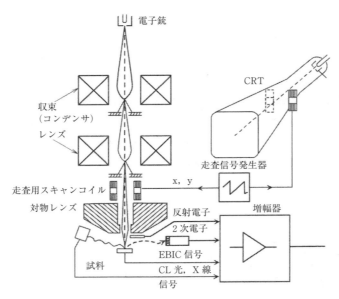

図 4.18　走査電子顕微鏡の構成模式図

4.4　化合物半導体発光デバイスの不良・故障解析の要素技術　● ●

に，半導体の場合には電子ビーム誘起電流（EBIC：Electron Beam Induced Current）や試料吸収電流も用いることができる．また分析型の SEM の場合には，オージェ電子，特性 X 線，あるいはカソードルミネッセンス光を利用することもできる．さらに，試料表面の結晶学的情報を得る目的で，入射電子ビームの角度を振りながら得る反射電子による像，すなわちエレクトロンチャネリングパターン（electron channeling pattern）を利用することもある．

　SEM においては，分解能は用いる信号の種類により異なるが，2 次電子を用いた場合に最も高い値が得られる．現在，市販の装置では，最高 1-2 nm あるいはそれ以上のものもある．

4.4.2　電気的評価技術　● ● ● ● ● ● ● ● ● ● ● ● ● ● ● ● ● ● ●

　ここでは，劣化した素子の電気的評価技術について述べる．まず点欠陥やその複合体に対応すると考えられている深い準位（Deep level）の評価法に少し触れた後，埋め込み型レーザなど複雑な断面構造の素子の pn 接合の評価に適したいくつかの方法について概説する．

（1）　深い準位の評価
①　DLTS 法（Deep Level Transient Spectroscopy）
　DLTS 法は，半導体中の空乏層容量の過渡的変化を求めることにより，深い準位やその濃度，さらにはキャリアの捕獲断面積を求めることができる方法である．この方法は，専らバルク結晶やエピウエハの評価が中心で，発光デバイスでは評価が困難（メサ型の口径の大きな特殊なダイオードを作製する必要がある）で，わずかに LED での報告[1],[2] がある程度であるので，ここでは説明を省略する．

（2）　pn接合の評価
①　断面 EBIC 法
　EBIC 法は，電子ビームによって半導体内に誘起された電流（EBIC：

第4章 化合物半導体発光デバイスの不良・故障解析技術

Electron Beam Induced Current)を用いて半導体の電気的性質や半導体中の欠陥を評価する方法である．試料としては，半導体中に拡散または結晶成長時のドーピングによりpn接合を形成したもの，またはショットキ電極を形成したものが必要である．評価法としては，①電子ビームをpn接合に垂直に入射させる方法(平面EBIC法，図4.19(b))と，②電子ビームをpn接合に平行に入射させる方法(断面EBIC法，図4.19(c))とがある．図4.19(a)はバルク試料の平面EBIC法の場合で，ショットキ電極をつけた後，逆バイアスを印加し，空乏層を拡げつつ評価する．ここでは断面EBIC法について述べる．

この方法では，試料の側面，例えば，へき開した断面に電子ビームを入射させる．この場合，p，n各層中の正孔および電子の拡散長が評価できる．すなわち，電子ビームを結晶表面から内部に向かってpn接合に垂直に走査したときに生じる電流Iは，次式で与えられる[3]．

$$I \propto \exp(L_p(L_n)/x)$$

ここで，xはpn接合からの距離，L_pおよびL_nはそれぞれ正孔および電子の拡散長である．これから，ln(I)-xのプロットを行い，その傾きからL_pまたはL_nが求められる．

さらに，Iのラインプロファイル(図4.20)から，pn接合部での空乏層の拡がり，また，マッピング像から，以下のように，デバイス中の各接合部での局部

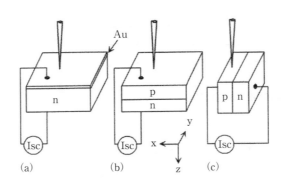

図 4.19　EBIC 法の概略図

4.4 化合物半導体発光デバイスの不良・故障解析の要素技術

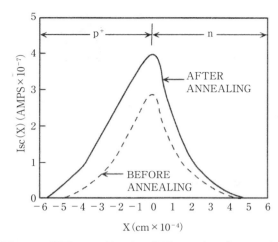

図 4.20 断面 EBIC 法による信号のラインプロファイル

的な異常についても評価できる．
1) 通電中の pn 接合，界面の劣化
2) デバイス作製工程中の熱処理過程での不純物（p 型ドーパントなど）の拡散，の度合い

② **SCM（走査容量顕微鏡）**

pn 接合を可視化できる評価法としては，Scanning Tunneling Spectroscopy (STS)[4]，Kelvin Force Microscopy (KFM)[5]，Scanning Spreading Resistance Microscopy (SSRM)[6]，および Scanning Capacitance Microscopy (SCM)[7] があるが，ここでは最もよく用いられている SCM について述べる．

1) 原理と装置構成

SCM は，コンタクト AFM の装置構成に，導電性の探針と試料間に交流電圧を印加する機能と，探針が検出する容量を測定する容量センサを付加したものである．そのため，SCM では，試料表面の凹凸と電気容量の変化を同時に取得することができる．SCM 測定に用いる試料では，測定すべき断面を清浄に保つ必要がある．

第4章 化合物半導体発光デバイスの不良・故障解析技術

そのため，SCM 用断面試料をへき開または研磨により作製する．試料表面の傷，異物，汚染および凹凸は，電気容量に大きく影響する．したがって，この方法で，高精度の測定をするためには，試料表面の平坦性を上げ，清浄にすることが不可欠となる．

断面試料の作製は，基本的には，断面 TEM 試料作製法と同様であるが，SCM 観察レベルの表面を得るには，コロイダルシリカを用いた精密研磨が必要である．また，研磨後の表面は測定時の不均一な電荷分布を低減するために，UV 照射下での試料加熱により均一な自然酸化膜を形成させる．

図 4.21(a) および図 4.21(b) は，それぞれ，SCM 測定の概念図およびブロック図である．探針の接触面は，探針を含めて MOS 構造を形成している．Si 基板表面の酸化膜は自然酸化膜を利用するのが一般的である．ここで，酸化膜の容量 C_{ox} は，印加交流電圧に依存せず一定であるのに対し，C_{si} は電圧の向きに依存して変化する．その変化量は，キャリア濃度に依存し，濃度が低いほど，変化量は大きくなる．キャリア濃度は，近似的に次式で与えられる[8]．

$$N_a = N_0 \left[(C_{ox}/\varDelta C) - 1 \right]^2$$

ここで，N_0 および $\varDelta C$ はそれぞれ，比例定数および SCM データから得られる全容量変化である．(2)式の N_0 および C_{ox} は，SIMS から得られた Na およ

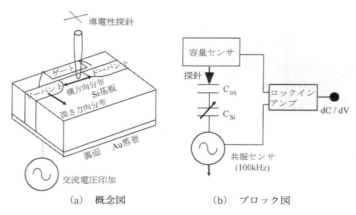

(a) 概念図　　　(b) ブロック図

図 4.21　SCM 測定の概念図とブロック図

4.4 化合物半導体発光デバイスの不良・故障解析の要素技術

び測定した⊿Cから求められる．

不純物濃度の2次元可視化は，探針を走査させた時の，この容量変化により行われるとともに，AFMモードで試料のナノレベルの位置情報も得る．

2) 2次元の不純物分布の定量的評価例

ここでは，実際にSCMを用いた，Si中のドーパントの2次元プロファイルの定量的評価法について述べる．図4.22に，その一例を示す．図4.22(a)は，n-MOSトランジスタ断面から得られたSCM像である．明るいコントラスト領域がn型領域に対応する．このコントラストは，印加するDC電圧に依存するので，DC電圧を変化させて高いコントラストを得る条件の最適化が必要である．また，暗い領域は，絶縁膜領域である．また，定量化を行うために，SCM強度とSIMSデータとの精密な比較校正を行う．図4.22(b)に，SIMSにより得られた1次元の深さ方向分布を示す．濃度は，$10^{17}/cm^3$台から$10^{20}/cm^3$

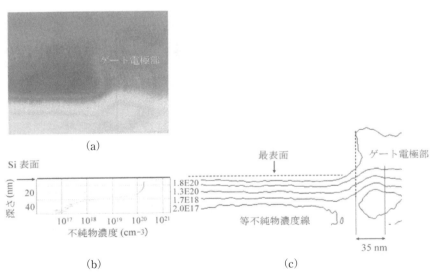

(a) n-MOSトランジスタ断面から得られたSCM像
(b) SIMSにより得られた1次元の深さ方向
(c) SIMSによる校正後の2次元ドーパントプロファイル

図4.22　シリコン中のドーパントの2次元プロファイルの定量評価

● ● ● 第4章 化合物半導体発光デバイスの不良・故障解析技術

台に及んでいる．図4.22(c)は，SIMSによる校正を行った後の2次元のドーパントプロファイルである．この結果から，この方法により，ドーパントプロファイルの空間分解能として，10 nmより良い値が得られていることがわかる．

③ その他のpn接合の評価方法

その他のpn接合評価方法としては，まず，エピウエハをへき開した面や，レーザの端面に対して，化学エッチングにより段差をつけ，その凹凸によるコントラストをSEMで観察することにより，断面のヘテロ接合，pn接合を評価するステインエッチング法がある．また，へき開面をそのままの状態にして，加速電圧を1 kV程度に下げてSEM観察する方法（FE-SEMが用いられることが多い）もある．後者では，不純物濃度に応じた2次電子による特異なコントラストが得られ，pn接合が微細に評価できるようになってきている．

4.4.3 光学的評価技術 ● ● ● ● ● ● ● ● ● ● ● ● ● ● ● ● ● ●

光学的評価技術というと，発光スペクトル解析をいうことが多いが，ここでは，劣化解析において，劣化素子の発光部を観察して，劣化した領域に見られる「ダーク欠陥」と呼ばれる非発光部を可視化する技術について述べる．

(1) フォトルミネッセンス法（PL）

GaAs, InPなどの直接遷移型の半導体結晶に，その基礎吸収のエネルギーより大きいエネルギーを有する光，すなわち，Ar^+, Kr^+イオンレーザなどの気体レーザやYAG：Ndレーザなどの固体レーザを照射すると結晶内部に電子‐正孔対が生成され，それらの発光再結合により，フォルトミネッセンス（PL）という光が発生する．

したがって，光学顕微鏡の試料台上に半導体結晶を置き，その結晶表面に顕微鏡を通して外部からレーザ光を照射すると，PL光が発生するので，この光をその波長に応じて光検出用のカメラで受光すれば，結晶中の非発光再結合中心となる欠陥，すなわち，転位，積層欠陥，析出物，インクルージョンなどのトポグラフが得られる．この方法をPLトポグラフ（Photoluminescence

172

4.4 化合物半導体発光デバイスの不良・故障解析の要素技術

topography）といい，GaAs, InP などのバルク結晶中の転位分布の評価をはじめ，InGaAsP/InP, AlGaAs/GaAs 系ダブルヘテロ構造中の欠陥の評価にも有効である．

一例として，InGaAsP/InP 系ダブルヘテロ構造を評価した結果[9]について図 4.23 に示す．これは，評価に用いた PL 像観察装置の模式図である．光源としては，YAG：Nd レーザを，PL 光の検出には PbS - PbO ビジコンを，それぞれ用いた．この装置により，上記構造中に観察されたクロスハッチ状の暗線（dark line）欠陥の PL 像を図 4.24 に示す．TEM 観察により，これらの欠陥は，最上層の InP のヘテロ界面近傍で発生したミスフィット転位であることが明らかとなった[10]．この方法の場合には，レーザビームはある大きさに広げられているが，できる限り小さく絞り，試料表面上を走査する方法もある．

AlGaAs/GaAs 系の材料の場合には，光源として Ar^+ レーザか Kr^+ レーザ，

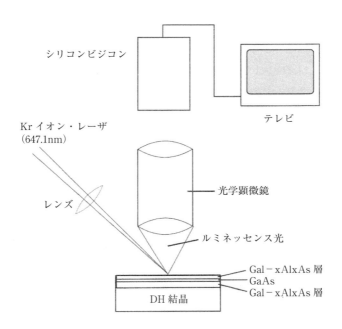

（出典）　中島尚男：『半導体レーザ入門』，廣済堂産報出版，p.116, 図 8.4, 1984 年．

図 4.23　PL トポグラフ装置の構成模式図

第4章 化合物半導体発光デバイスの不良・故障解析技術

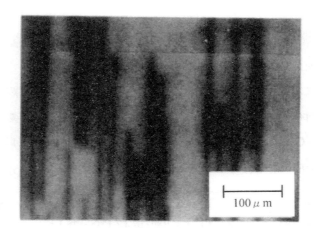

図 4.24 InGaAsP/InP ダブルヘテロ構造中に見られたダークラインの PL 像

光検出器として Si ビジコンをそれぞれ用いる．

(2) カソードルミネッセンス法 (CL)

半導体結晶に電子ビームを照射すると，内部に生成された少数キャリアの発光再結合によりルミネッセンス光が発生する．このルミネッセンス光は，カソードルミネッセンス (CL：Cathode Luminescence) と呼ばれる．この CL 光をレンズ，ミラーなどの光学系で集光し，光電子倍増管 (photo-multi-plier)，pin ダイオードなどの光電変換素子を経て CRT 上に映し出す．さらに，分光器を介して CL スペクトルも得られる．発光効率を高めるためには，試料を液体窒素または液体ヘリウムにより冷却する必要がある[11]．

この方法は，通常 SEM において行われているが，TEM または走査透過電子顕微鏡 (STEM：Scanning Transmission Electron Microscope) モードでも行える．ただし，TEM 内でこの方法を行う場合，集光系を試料近傍に設置する必要があるため，対物レンズと試料との間の空間 (ギャップ) を充分広くとらなければならない．そのため，本来 TEM の有する分解能をある程度低下させざるを得なくなる．また，CL スペクトルは TEM モードで得られるが，CL 像を

4.4 化合物半導体発光デバイスの不良・故障解析の要素技術 ● ●

得るためには STEM 機能を備えた TEM でなければならない．STEM/CL を用いれば，欠陥の構造と光学的性質に関する情報が同時に得られるという大きな利点がある．

例えば，複数の転位が発生している領域において，一般的に転位の性質が個々に異なるので，それぞれの転位の光学的性質が異なる場合を考える．この場合に，どの種類の転位が非発光中心となり，どの種類の転位が非発光中心になり得ないかを知るには，まず同一視野について TEM モードで 2 波条件での回折コントラスト実験を行い，転位のバーガースペクトルを決定し，次いで，CL 像を観察しおのおのの転位の位置に対応する部分のコントラストを調べることにより目的が達成される．

また，技術的にはきわめて困難ではあるが，STEM/EBIC 法により欠陥の構造とその電気的性質との関係が明らかになる．

(3) 平面EBIC法（図4.19（a）および（b）参照）

平面 EBIC 法では，結晶中に発生した欠陥を評価できる．例えば，結晶中に転位がある場合，結晶内に侵入した電子により生成した少数キャリアが，転位芯で非発光再結合し，その結果，転位線が暗線欠陥（DLD：Dark Line Defect）として観察される[12]．このほか積層欠陥や析出物などの欠陥も，同様の機構により暗欠陥（DD：Dark Defect）として観察される[13]．また結晶中に不純物の分布（例えばストリエーショ：striation）がある場合にも，その分布が電子または正孔の拡散長に反映するため，微妙なコントラスト変化となって現れる[14]．さらに，結晶内に侵入した電子の断面形状は，"tear drop"と呼ばれるように水滴状であり，その侵入深さおよび最大直径は，入射電子の加速電圧に依存し，GaAs の場合，加速電圧が 20kV のときに 2μm である．

したがって，入射電子の加速電圧を低電圧から高電圧まで徐々に変化させることにより，表面から内部にわたる欠陥の分布を知ることができる．図 4.25 に液相エピタキシャル成長した InP 層を SEM/EBIC 法により評価した結果を示す[15]．この場合，加速電圧を 20，15，10kV と変えて，同一視野を観察し

第4章 化合物半導体発光デバイスの不良・故障解析技術

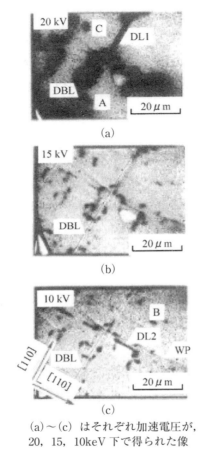

(a)～(c) はそれぞれ加速電圧が,
20, 15, 10keV 下で得られた像

図 4.25 液相エピタキシャル成長した InP 層の平面 EBIC 像

た．DL1 で示した欠陥は，20kV では観察されるが，15kV 以下では観察されないことから，内部に存在する欠陥であると考えられる．また，DL2 で示した欠陥は加速電圧が 10kV では観察されるが，15kV 以上では観察されないことから，表面付近で発生している欠陥であると推定される．これらの観察結果から，EBIC 像中に観察された欠陥とその深さ方向の位置，対応する欠陥を表 4.1 にまとめて示す．この平面 EBIC 法と他の評価方法，例えばエッチピッ

4.4 化合物半導体発光デバイスの不良・故障解析の要素技術 ● ●

表 4.1 液相エピタキシャル成長した InP 層の EBIC 像中に観察された欠陥

観察された欠陥	発生領域	対応する欠陥
ダークスポット（DS）	結晶内部	貫通転位　インクルージョン
ダークライン（DL）	結晶内耶	ミスフイット転位
	結晶表面	スクラッチ
ダーク領域（DR）	結晶表面	機械損傷
	結晶内部	機械損傷
高輝スポット（BS）	結晶表面	孔
周辺のはっきりしたダークスポット（DCS）	結晶表面	ゴミ
明暗線（DBL）	結晶表面	メニスカスライン
ストリエーション（STR）	結晶内部	不純物の周期的な分布
波状パターン（WP）	結晶表面	テラス

DS：Dark-spot，DL：Dark-Line　DR：D ark-rcgion，BS：Bright-spot，DCS：Dark-dear spot
DBL：Dark-and-bright line，STR：Strialion，WP：xhve-shaped pattem

ト法や透過型電子顕微鏡（TEM：Transmission Electron Microscope）などによる結果と合わせることにより，欠陥の構造とその電気的性質との関係を明らかにすることができる．この平面 EBIC 法においては，分解能は，基本的には少数キャリアの拡散長に依存するが，転位などの欠陥の近傍では，実効的にキャリアの拡散長が短くなるため，分解能は若干高くなる．本方法は，当初はバルク試料の評価に用いられていたが，現在では TEM または STEM モードでも評価できるようになってきている．

4.4.4　結晶学的評価技術 1 エッチングと光学顕微鏡との組合わせ ●

エッチングを行った半導体結晶の表面には，結晶中の欠陥を反映したさまざまのパターンが現れる．この表面を微分干渉顕微鏡により観察することにより，欠陥の種類，形態，密度，分布などを 1-2μm 程度の分解能で明らかにすることができる．以下に，個々の欠陥について，この方法を適用する場合について述べる．

● ● 第4章　化合物半導体発光デバイスの不良・故障解析技術

（1）　転位とそのクラスタ

これらの欠陥は，すでに述べたように，材料に応じたエッチング液により，試料表面に芯のあるエッチピットとして観察される．ピットの形状は，円錐状[16]，楕円錐状[17]，三角錐状[18]，六角錐状[19]など，材料とエッチング液の組合せ，または面方位により異なる．また，転位クラスタの場合には，ピットが局部的に集団をなす．1つのピットが1本の転位に対応するので，単位面積当たりのピットの数をカウントすれば転位密度が求められる．

しかし，光学顕微鏡の分解能が〜1μmであるから，例えば，Si基板上に成長したGaAsエピタキシャル層[20]におけるように，転位密度が$1 \times 10^6 \mathrm{cm}^{-2}$を超えると，ピットが重なって，結果的に転位密度を低く見積もってしまうことがあるので注意を要する．この場合には，SEM[21]やTEM[22]により転位密度を評価すべきである．

（2）　積層欠陥

この欠陥はエピタキシャル成長時にしばしば見られ，基板の表面汚染などが原因で，基盤とエピタキシャル層との界面からいくつかの等価な(111)面上に発生する[23]-[25]．この欠陥には部分転位が伴うので，エッチングによりその部分転位がエッチピットとして現れる[23]．特に，エッチングがすすんでも最初に現れたピットが完全に消失せずに，その形骸が残る場合には，部分転位の線が被エッチ面上に投影されたように現れるので，積層欠陥に対応して，2等辺三角形などの幾何学形状を有するエッチパターンが現れることがある[25]．

（3）　傾角粒界，逆位相境界

これらの欠陥は，格子定数の大きく異なるヘテロエピタキシャル成長か，異方性のない基板上に異方性のある結晶を成長させる場合に発生するものである．このような場合には，一般に，粒界・境界に沿って転位が形成されていることが多い．したがって，エッチングによりこれらの境界や転位に対応したエッチ溝やピットが現れるため，粒界・境界を識別することができる[26]．

4.4 化合物半導体発光デバイスの不良・故障解析の要素技術

これらの欠陥のほか，高温 - 低温 - 中温の 3 段階熱処理によるイントリンシックゲッタリングを行った酸素ドープの引上げ Si 結晶においても，エッチングによりゲッタリングセンタである酸素析出物に対応した芯のない丸いピットが現れる[27]．さらに，Si 結晶において，ウエハ面内に不純物濃度の分布がある場合に，その分布に対応してストリエーション(striation)[28] と呼ばれる同心円状の縞模様が現れるので，微分干渉顕微鏡により評価できる．

4.4.5 結晶学的評価技術 2 透過型電子顕微鏡法（TEM）

（1） TEMの概要

最近では，多くのタイプの TEM が開発されているが，従来の TEM は CTEM (Conventional TEM) ともいい，最も重要な顕微鏡の 1 つで，結晶構造，欠陥などに関する数多くの情報が得られる（図 4.26）．

TEM では，薄片試料に均一な電流密度を有する電子ビームが照射される．入射電子の加速電圧は，市販の TEM で 100, 200, および 400 kV であり，超

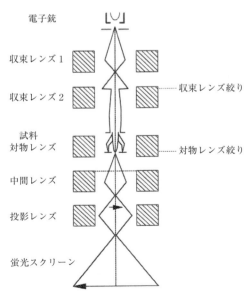

図 4.26 透過電子顕微鏡の構成模式図

● ● 第4章 化合物半導体発光デバイスの不良・故障解析技術

高圧 TEM の場合で，1-3 MV である．フィラメントは LaB$_6$ チップが用いられるが，超高分解能を得たい場合には，電界放射型 TEM のように，W チップのフィラメントを超高真空下で用いる．まず，2段の収束レンズにより，試料上に照射される電子ビームの収束角やビームサイズを変えることができる．試料の後方に出た電子ビームは，対物レンズ，中間レンズ，投影レンズなどのいくつかのレンズを経て，最終的に蛍光板上に映し出される．像の記録に関しては，以前は蛍光板の下部にセットされた電子顕微鏡専用フィルム上への直接露光により行われていたが，近年は専ら CCD カメラなどによるディジタルイメージングが用いられて来ている．

電子は原子と弾性散乱および非弾性散乱(すなわち電子の吸収)により強い相互作用を起こす．したがって，試料は非常に薄くならなければならない．試料に要求される厚さは，加速電圧，試料の密度，組成，要求される分解能などに依存するが，加速電圧 100 kV の場合，50 nm - 0.5 μm である．このため試料の薄片化には特殊な技術が必要となる（本項の「(2) 試料作製法」参照）．TEM では，非常に高い分解能が得られる．

これは，弾性散乱が原子核のクーロンポテンシャルにより占有された領域に局在した相互作用プロセスであるのに対して，非弾性散乱はもっと広い領域にわたって起こるためである．その分解能は，電子の加速電圧やレンズの収差係数などに依存するが，加速電圧が 200 kV の TEM で，0.2 - 0.3 nm である．また，TEM のもう1つの利点は，1) 3段収束レンズを用いたり，2) 試料の直前にミニレンズを設置するなどして，非常に小さなスポット，すなわち，ナノプローブが得られることである．最新の装置では最小プローブ径 0.3 nm が実現されているものもある．このナノプローブを用いればきわめて微小な領域の電子線回折像を得ることが可能であり，さらに STEM モードを付加することにより，STEM 像(透過電子による像)が得られ，また SEM の場合と同様に，SEM 像，CL 像および EBIC 像が得られる．

試料ホルダには，トップエントリ型とサイドエントリ型の2種類があり，前者は主に高分解能電子顕微鏡用，後者は分析電子顕微鏡に用いられる．実際

4.4 化合物半導体発光デバイスの不良・故障解析の要素技術 ● ●

のTEM観察においては，回折条件を正確に設定する必要があるが，その場合には，試料の傾斜が不可欠である．上記試料ホルダは，x，yの2つの軸に関して10-60°の傾斜が可能となっている．さらに，付帯機能として，試料の加熱，冷却，および引張り，圧縮変形が可能なホルダが用意されている装置もある．

(2) 試料作製法

① TEM試料の要件

TEMに用いる試料に必要とされる条件はおおよそ以下の点である．

1) 電子線が透過すること，すなわち，薄いこと．

2) 表面が平坦であること．

3) 試料に損傷のないこと．

4) 表面に汚染，付着物等のないこと．

5) 反りのないこと．

1) に関しては，透過可能な試料の厚さは，材料の種類および電子の加速電圧に強く依存する．すなわち，軽い元素からなる物質ほど，また，加速電圧が高いほど透過可能な試料の膜厚が増加する．例えば，加速電圧200 kVのTEMを用いた場合，Siでは約1μm，GaAsでは0.5μmまでの厚さの試料なら観察可能である．しかし，高分解能TEMにおいては，試料の厚さが50 nm以下でないと電子の吸収効果により，明瞭な像が得られない．

2) については，予備薄片作製段階で試料表面に鏡面研磨を施しておくことはいうまでもないが，その後，化学エッチングにより，試料を作製する場合には，特に注意しなければいけない．半導体の表面を化学エッチする場合，その面方位によっては鏡面が得られない場合がある．例えば，GaAs(111)A基板をブロムメタノール系のエッチング液でエッチすると，無数の三角形状のピットが現れ，表面に凹凸ができる．したがって，このような場合には，鏡面エッチング液を開発するか，イオンエッチングを用いる必要がある．

3) については，2つの場合が考えられる．1つは，機械研磨などにより，試

●　●　**第4章　化合物半導体発光デバイスの不良・故障解析技術**

料に導入された機械損傷である．これは，TEM用試料作製の第一段階で機械研磨を行う際に，粒径の大きい研磨剤で誤って導入されるといったものである．これは，徐々に粒径の小さい研磨剤に移ってゆくことにより避けられる．もう1つは，イオンエッチングの際に，試料内に導入される損傷である．イオンエッチングは，通常真空中で0.5-5.0kVに加速されたAr$^+$イオンにより行う．半導体結晶，特にInP，InSb，CdTeなどにおいては，イオンビームにより，結晶内に点欠陥クラスタ，歪場を伴った微小欠陥，積層欠陥ループなどの欠陥が導入される．この原因としては，イオン自身のもつエネルギーとエッチング中の試料の温度上昇との相乗効果が考えられ，最終段階で加速電圧を下げるなどの対策が必要である．

　4）に関しては，化学エッチングの際に試料表面に形成される酸化膜や残渣，または，イオンエッチングの際に起こる，特定元素の優先蒸発やスパッタ物質の試料表面への再付着などがある．前者については，エッチング前の試料の表面の有機溶剤や希弗酸などによる洗浄を十分行うことにより低減できる．後者の特定元素の優先蒸発については，特に，InP，InSbなどのPやSbを含む材料において顕著に見られ，明視野像などの観察において大きな障害となる．これらの問題に対しても，3）で述べた対策が必要である．

　5）は試料全体が薄い場合によく生じる問題である．例えば，InGaAs/InPエピタキシャルウエハからInGaAsの平面TEM試料を作製する場合，InP基板を選択エッチングにより除去し，さらにInGaAsを薄片化する必要がある．この場合，InGaAs層が1µm以下だとすると，選択エッチング後，全体として薄いため，最終薄片化した試料をTEM試料用単孔メッシュに貼り付けた後に接着剤硬化時の歪みにより反ってしまう．また，エピタキシャル層と基板との間に格子不整合があると，選択エッチング後試料自体が反ってしまう．この対策としては，選択エッチングをせずに，バルク試料を薄片化する要領で試料作製を行う必要がある．

　最近では，FIB加工によるマイクロサンプリング法と呼ばれる方法により，発光デバイスの劣化部のような特定箇所の断面TEMおよび平面TEM観察用

4.4 化合物半導体発光デバイスの不良・故障解析の要素技術 ● ●

の薄片試料を，比較的短時間に，かつ確実に作製できるようになって来ている．

（3） TEMによる観察手法

① 制限視野電子線回折法（SAED：Selected Area Electron Diffraction）

これは，試料の一部のみを視野制限絞りに入れ，そこから電子線回折像を得る方法である．通常の TEM の場合には，数種類の視野絞りが選べるようになっている．TEM には，収束レンズ絞り，対物レンズ絞り，および視野制限絞りが装着されており，すべてのリボン状の Mo 箔に 10- 数 $100\,\mu$m 径の孔が数個等間隔に開けられたものである．

電子線回折像は，試料の構造，ブラッグ条件，欠陥の有無など多くの情報を含んでいる．以下に述べる各種観察法は，すべて電子線回折像を見ながら，試料を傾斜して回折条件を整えてはじめて実現できるものである．

② 明視野法（bright field imaging）

明視野法は，最もよく用いられ，透過波のみを用いて得る方法である．具体的には，電子線解析像の中心に見られる 000 スポットまたはダイレクトスポットという透過波に対応するスポットを対象絞りに入れ，結像モードに戻すことにより像を得る方法である．

1） 二波条件（two-beam condition）

これは，最も基本となるブラッグ条件である．すなわち，ただ 1 つの基本反射のみを励起する場合である．この場合，半導体のような結晶においては，得られる像は，ひずみ場に敏感で，転位，転位ループ，積層欠陥，析出物などの欠陥が評価できる．また，異なる複数の基本反射から得られた明視野像から，転位のバーガースベクトル（Burgers vector）が決定できる．所望のブラッグ条件を得るためには，入射電子線を試料の基本面，例えば，(001)面に垂直の方位から特定の方位に向けるため，試料を傾斜する必要がある．基本面に垂直な照射を軸状照射（zone-axis illumination）という．軸状照射条件の下で得られる回折像は面方位により決まっている．このことを記憶しておき活用すると便利で

ある．

　図 4.27 に，ダイヤモンド構造におけるいくつかの低指数面に対応する回折像を示しておく[29]．回折条件を調整する際には，視野を少し厚い領域（100 nm 以上）にずらして得られる菊地線[30]を利用すると効果的である．

2）　多波条件（multi-beam condition）

　これは，軸上照射条件にすることにより得られる．この場合には，低次から高次の基本波が等価的に励起される．得られる像は，消滅則が適用できないため転位などのひずみを伴う欠陥にはあまり敏感とはならない．しかし，①結晶中に板状の析出物があったり，②基板上に格子定数や面方位の大きく異なる結晶が成長している場合には，この方法を用いることにより，それらの領域で平行または回転モワレ縞観察できる．また，InP 基板上の InGaAsP 結晶中に形成される組織変調構造[31]では全方位にわたって観察できる[32]．さらに，多結晶の組織については，各結晶粒が任意の方向を向いているため，それぞれの粒において，多波条件となっている．

3）　一波条件（quasi-kinematic condition）

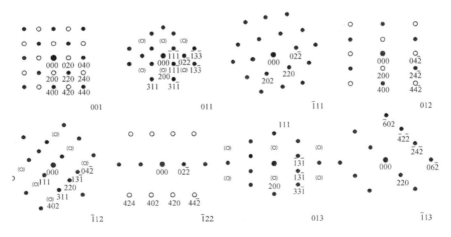

図 4.27　ダイヤモンド構造において，いくつかの面方位に垂直に電子線を入射（軸上照射）させて場合に得られる回折像

4.4 化合物半導体発光デバイスの不良・故障解析の要素技術 ● ●

これは，透過波のみの条件である．すなわち，いかなる回折波も励起しないようにするわけである．具体的には，まず，ある基本面に対する軸上照射条件にビームを設定した後，回折像を見ながら試料を大幅に傾斜させ，菊地線を利用しながらいかなる回折斑点も現れない位置にもっていく．菊地マップを見ながら行うのもよい．この場合に得られる像は，回折によらず，電子の吸収の違いによるものである．したがって，例えば GaAs 中の As のような結晶中に発生した析出物[33]や空洞の評価に用いると効果的である．

③ 暗視野法（dark field imaging）

暗視野法は，明視野像とともに最もよく用いられ，1つの回折波を用いて像を得る方法である．具体的には，電子線回折像の 000 スポット以外の回折スポットを対物レンズ絞りに入れ，結像モードに戻すことにより像を得る方法である．しかし回折スポットが 000 スポットから遠ければ遠いほど，レンズの収差により像が回折ベクトルの方向に流れたものとなる．最近のすべての TEM においては，この問題を解決するため，電子ビームを電気的に傾斜する機能（beam-tilt という）を付けている．すなわち，明視野像モードから暗視野像モードに切り替えて，所望の回折スポットが 000 スポットの位置にくるまでビームを傾斜させ，暗視野像を撮影するわけである．この場合にも，用いる回折条件により異なる情報が得られる．

1）二波条件（two-beam condition）

これは，明視野像の項で述べたのとまったく同じ条件である．転位や転位ループから得られる回折コントラストは，明視野像と暗視野像とでは相補的な関係にある．したがって，転位のバーガースベクトルを決定する場合にはこれらの像のいずれかについて，いくつかの回折条件についてのコントラスト実験を行う．また，積層欠陥については，動力学的理論による像の解釈が Hirsch により確立しており，二波条件での明視野像および暗視野像を撮影し，その際得られる縞のコントラストから，その性質（格子間型か空孔型か）を決定できる[34]．

第4章 化合物半導体発光デバイスの不良・故障解析技術

2) 多波条件(multi-beam condition)

ある結晶内にその結晶と構造や格子定数，方位などの異なる別の結晶からなる析出物が形成されている場合には，多波条件(すなわち軸上照射条件)での電子線回折像中に，マトリックス(母結晶)以外に析出物に関与した回折斑点が現れる．これらの斑点のうちの1つから得られた暗視野像には，析出物の領域のみが明るく観察されるので，析出物の形態や分布などを知ることができる．また，析出物以外の欠陥などに起因して，異常斑点が回折像中に見られることがある．その例として，Ⅲ-V族化合物半導体にヘテロ界面より発生した双晶粒がある．このようなエピタキシャル結晶の(110)断面から得られる回折像中には000斑点と111斑点との間の3分の1位置に，双晶による斑点が現れる．

図4.28(a)に(001) InP 基板上に MBE 成長した GaAsSb 結晶から得られた電子線回折像を示す[35]．矢印で示した位置に双晶に起因した斑点が見られる．これらの斑点の1つから得られた暗視野像を図4.28(b)に示す．微小双晶粒が明るいコントラストで観察されている．

3) Weak-beam 条件

この方法は，転位網中の個々の転位，拡張転位の幅，微小欠陥の形態など，きわめて局部的なひずみ場を高い分解能で評価できる方法である．具体的には，高次の反射，例えば，これを 4g の条件と呼ばれる(ただし，g = 220) 880

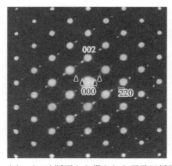 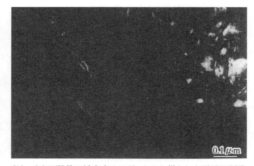

(a) (110)断面から得られた電子回折像　　(b) (a)の双晶に対応するスポットから得られた電子回折像

図4.28 (001)InP 基板上に MBE 成長した GaAsSb 層の TEM 観察結果

4.4 化合物半導体発光デバイスの不良・故障解析の要素技術

反射を強く励起する条件の下で，弱い220反射から暗視野像を得る．運動学理論によれば，通常の二波条件の下での明視野像や暗視野像では，転位芯の幅を高々5-20nmにしか分解できないことになる．しかし，この方法では，系統反射条件の下での弱いビームから結像させるため，局部的なひずみ場に敏感になり，転位芯の像を1.5-2nmの分解能で観察することができる[36]．しかし，この方法の問題点として，①像が全体としてかなり暗いため，焦点を合わせるのが困難である，②通常の明視野像では，2-4s程度の露出時間ですむが，本方法では通常10-30s，またはかなり高次の反射を励起した場合には，さらに長時間の露出が必要となるため，試料や試料ホルダのドリフトにより像が動いて，不鮮明な像しか得られない場合があるなどがあげられる．酸素フリーFZ-Si中のイントリンシックゲッタリングに関与したゲッタリングセンタに対応した欠陥をweak-beam法により観察した例について図4.29に示す[37]．欠陥は，いくつかの等価な(110)面上に成長した格子間型多重転位ループ，およびそれらの上や内側に発生したCuSiの析出物とからなる3次元的欠陥集合体であることが明らかになった．個々の転位や析出物が高分解能で観察される．

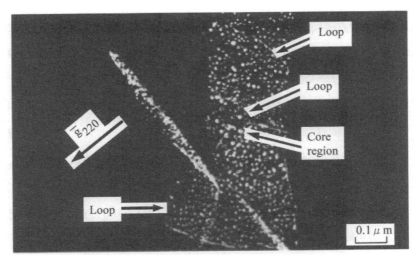

図4.29 FZ-Si中のイントリンシックゲッタリングセンタに対応する欠陥のW.B.暗視野像

● ● 第4章　化合物半導体発光デバイスの不良・故障解析技術

④　多波格子像法

　多波格子像法は，入射波と多数の回折波を用いて結像させる方法で，通常は，電子ビームを試料に垂直に入射（軸上照射）させる．各電子波の位相がそろった適切な回折条件の下では，多波格子像は，原子の配列を反映し，結晶を原子レベルで評価することができる．この方法により得られる情報としては，ヘテロ界面の原子レベルの構造，例えば格子整合状態や原子層ステップ，凹凸など，さらに界面やバルク中の欠陥，例えば転位，双晶，積層欠陥，析出物などの微細構造などである．

(4)　TEMによる欠陥の性質判定法

　劣化した発光デバイス中には，すべり運動または上昇運動により形成された転位及び転位網，微小転位ループの上昇運動により形成された巨大転位ループ，積層欠陥などが観察されることがあり，本手法は，劣化メカニズムを解明するうえで非常に重要となる．ここでは，これまで述べた方法によって観察された像に基づいて，結晶中の転位のバーガースベクトルおよび転位ループの性質を決定する方法について述べる．

① 転位のバーガースベクトル

　Si，GaAs などのダイヤモンド構造またはせん亜鉛鉱（Zinc-blende）型構造においては，完全転位のバーガースベクトル（Burgers vector）は $(a/2)<110>$，$(a/2)<101>$，または $(a/2)<011>$ のいずれかで表される．転位が，これらのいずれのバーガースペクトルを有するかを決定するには，いろいろな反射下で明視野像または暗視野像を撮影し，転位線のコントラストが消失する1つ以上の条件を見つければよい．さらに，転位の存在するすべり面や転位線の方向などがわかっている場合には，コントラストの消失条件が1つ見つかればよいこともある．一般に，完全転位の消失条件は，次の2つの式で与えられる[38]．

$$g \cdot b = 0$$
$$g \cdot b \times u = 0$$

　ここで，g，b および u は，それぞれ反射ベクトル，バーガースベクトルお

4.4 化合物半導体発光デバイスの不良・故障解析の要素技術 ● ●

および転位線の方向を表す単位ベクトルである．この2つの条件を同時に満足しなければ転位は完全に消失しない．第2式が0でない場合には，転位線がぼんやりと見えたりする．このような場合には，いくつかの反射下で得られた転位のコントラストを比較することにより，どのコントラストが消失条件に起因するものか判定できる．

一方，部分転位の場合には，上述の条件は成立しなくなる．部分転位には，バーガースベクトルが(a/6)<211>タイプのショックレーの部分転位[39]と(a/3)<111>タイプのフランクの部分転位[40]がある．前者は，完全転位が拡張して，下記のように2つの成分に分裂して形成される．

$$(a/2)[1\bar{1}0] \quad \rightarrow \quad (a/6)[1\bar{2}1] + (a/6)[2\bar{1}\bar{1}]$$

いずれの場合にも，転位は積層欠陥を伴う．また，$g \cdot b$ の値は，完全転位の場合には整数であるが，部分転位の場合には ±1/3，±2/3，±4/3 などのように分数となる．この場合には，$g \cdot b$ = ±1/3 の時，転位の像が消失する[41]．

② 転位ループの性質

転位ループには，空孔が凝縮してできた空孔型ループと格子間原子が凝縮してできた格子間型ループがあり，また，バーガースベクトルが(a/2)<011>の内部に積層欠陥をもたないプリズマティックグループ(prismatic loop)[42]および(a/3)<111>の内部に積層欠陥をもつフランクループ(Frank loop)[43]とがあり，化合物半導体材料では，いずれの欠陥も結晶成長時に形成される．

転位ループがいずれのタイプであるかを判定するには，そのバーガースベクトルが電子線に対して上側か下側か，いずれの方向に向いているかを調べる必要がある．この判定に際しては，TEM像を印画紙に焼き付けるときの向きに注意する必要がある．すなわち，ここでは，焼き付ける像を実際に電子顕微鏡の蛍光板上に移っているのと同じ向きにする場合について述べる．バーガースベクトルが電子線に対して上向きの場合には格子間型，下向きの場合には空孔型と決定される．転位ループのバーガースベクトルをその向きまで含めて決定するには，いくつかの回折条件の下でのそのコントラストを調べなければならない．その要点を以下に示す．

第4章　化合物半導体発光デバイスの不良・故障解析技術

i) コントラストが消失する反射をみつける．半導体基板の面方位は，通常 (001) 面であるが，この場合には 220，220，400 および 040 基本反射である．また，プリズマティックループおよびフランクループはそれぞれ，(011) 面上および (111) 面上に形成されているので，前者では 400 または 040 反射で，また，後者では 220 または 220 反射で消失する．しかし，この時点では，コントラストが消失する反射が 1 つしか見いだせないため，可能なバーガースベクトルは 4 通りある．

ii) inside-outside コントラスト実験[44]を行う．これは，転位ループのコントラストが回折条件を変えた場合い大きくなるか小さくなるかをみるものである．すなわち，転位ループのコントラストは，$(g \cdot b)s < 0$ のとき outside コントラストを示す．つまりループが大きくなる．$(g \cdot b)s < 0$ のとき inside コントラストを示す．つまりループが小さくなる．ここで，s はブラッグ条件からのずれを表すパラメータで，二波条件において，基本反射点側の菊地線[30]である E 線が基本反射に対応する回折斑点の外側にある場合が正，内側にある場合が負と定義されている．したがって，転位ループの見える反射を用いて，次のいずれかの条件で転位ループの大きさの変化を見ればよい．

① g を一定にして，s を正および負にする．

② s を一定（正または負）にして，＋g および－g にする．

この方法により，可能なバーガースベクトルが 2 つに限定される．基板の面方位が他の場合にも，この方法に準じてループの性質を決定できる．

iii) 転位ループの存在している面を決定する．これは，ステレオ投影法により決定することができる．この方法により転位ループのバーガースベクトルの方向が一義的に決定できるので，その性質も決定される[45]，[46]．

4.4.6　化学組成評価技術

化学組成評価の方法としては，エネルギー分散型 X 線分光法（EDX：Energy Dispersive X-ray Spectroscopy）や軽元素に有効なオージェ電子分光法（AES）などがあるが，ここでは，EDX 法についてのみ紹介する．

4.4 化合物半導体発光デバイスの不良・故障解析の要素技術

　EDX 法は，試料から発生した特性 X 線を Li 拡散型 Si-pin ダイオードにより検出することにより，結晶の組成を分析する方法である（図 4.30）．試料から発生した X 線は，直径 3-5mm の Si(Li) pin ダイオード（約 1kV の逆バイアスが印加されている）の活性層に侵入し，そのエネルギーに比例した電子正孔対が生成される（$N = Ex/Ei$, N は電子正孔対の数，Ex, E はそれぞれ X 線および電子正孔対の生成エネルギー）．この生成された電荷パルスは FET により電圧パルスに変換される．すなわち 1 本の X 線が 1 つの電圧パルスに置き換えられる．パルス高の異なるパルスが次々に出力され，分別され，メモリに蓄積されていき，最終的にマルチチャネルアナライザ（MCA）によりエネルギースペクトルが得られ表示される．ここで，0-10 V のパルス高が 0-512 または 0-1024 の数に AD 変換され，それぞれの数が 512 または 1024 のチャネルメモリの番地となる．したがって，1 つのチャネルがある範囲のエネルギーを有する X 線のカウント数に相当する．エネルギー分解能は 100-150 eV である．

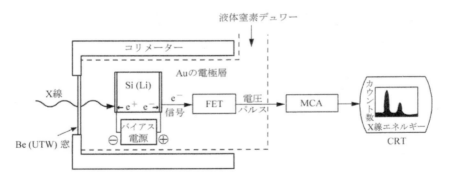

（出典）　日本電子顕微鏡学会関東支部編：『先端材料評価のための電子顕微鏡法』，朝倉書店，p.55, 図 1.1, 1991 年．

図 4.30　EDX の構成模式図

● ● 第 4 章　化合物半導体発光デバイスの不良・故障解析技術

4.5

化合物半導体発光デバイスの不良・故障解析のフローチャート

4.4 節では，発光デバイスの劣化解析に必要な要素技術について詳しく述べた．本節では，まず，劣化解析のフローチャートを示し，それに沿って具体的な手順を，実例をあげながら説明する．

4.5.1　フローチャートの概要 ● ● ● ● ● ● ● ● ● ● ● ● ● ● ●

図 4.31 に発光デバイスの劣化解析のフローチャートを示す．

まず，中央部分が劣化解析の各工程を示している．ただし，「活性層の厚さ・幅」，「断面構造」，および「各接合」の 2 つの工程は，半導体レーザに固有の工程であり，LED の場合にはスキップすることになる．各工程において，それに必要な前処理工程がある場合には，直前部分に付記してある．例えば，外観検査の前処理工程として，キャップ開封があげられる．また，各工程で用いるべき解析技術も工程名の後に付記している．例えば，外観検査では，（OM）（SEM）（AES）（EDX）の 4 つの技術である．

次に，各工程の左側には，それぞれの工程において解析すべき領域を明記している．さらに，各工程の右側には，その解析により，どのような劣化モードが明らかになるかが記載されている．実際の劣化解析に当たっては，必ずしもこれらの全部の工程を進める必要はなく，劣化素子の劣化状況に応じて，適宜採用すべき解析工程を絞り込むことが重要である．また，同一種類の解析データが多くあれば，ごく一部の解析結果のみから，劣化モードを特定することも可能である．

4.5.2　電気的・光学的評価 ● ● ● ● ● ● ● ● ● ● ● ● ● ● ● ●

発光デバイスの劣化解析で対象となるのは，以下の各ステージにおいて，劣化した素子である．

1）　デバイスメーカでのデバイス開発段階での試作品の性能試験や寿命試験

4.5 化合物半導体発光デバイスの不良・故障解析のフローチャート

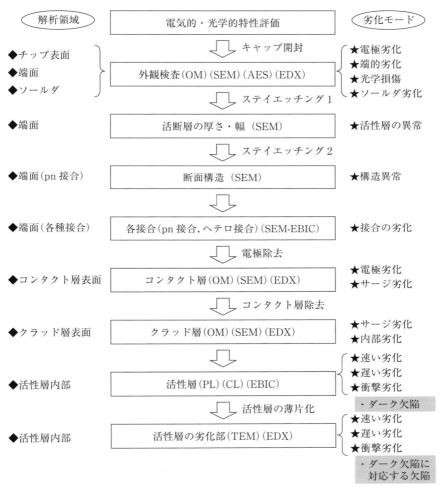

図 4.31 発光デバイスの劣化解析のフローチャート

2) 機器メーカにおけるチップまたはパッケージング品の電子機器への実装後の実機試験
3) 製品に実装された後，フィールド(顧客)において，システムや電子機器が不具合を起した場合

こうした事例では，多くの場合，劣化にいたるまでの電気的特性や光学的特

● ● 第4章 化合物半導体発光デバイスの不良・故障解析技術

性の評価の履歴データが残されていることがある．これらのデータは，劣化メカニズムを解明するうえで重要なので，できる限り収集したほうがよい．少なくとも，初期特性と劣化後の特性は不可欠である．

4.5.3 外観検査（OM, SEM, AES, SEM/EDX） ● ● ● ● ● ● ● ● ● ●

劣化解析では，まずは外観検査からスタートする．解析技術としては，微分干渉顕微鏡観察，走査型電子顕微鏡（SEM），オージェ電子分光法（AES），エネルギー分散型X線分析（EDX）などである．対象となるのは，チップ表面やソールダ（はんだ部分）で，半導体レーザの場合には，端面も対象となる．

この外観検査では，意外にもかなり多くの劣化モードが発見できる．まず，電極表面を観察すれば，電極の一部が変色していたり，破壊されていたりすることがある．これらは，いわゆる電極劣化に対応し，原因はESDなどによる破壊，サージ電流などによる電極/半導体反応による結晶破壊などである．次に，半導体レーザの場合には，端面（ミラー面，反射面とも呼ぶ）の観察を行う．微分干渉顕微鏡や高倍率で観察可能なSEMにより評価する．

図4.32に，COD（光学損傷）により劣化したInGaAsP/InGaP DHレーザ（$\lambda = 780$ nm）の劣化後の端面のSEM像を示す．矢印で示した部分が活性層に

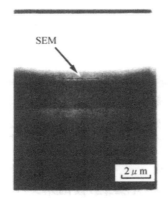

図4.32 光学損傷（COD）により劣化したInGaAsP/InGaP DHレーザの端面のSEM像

4.5 化合物半導体発光デバイスの不良・故障解析のフローチャート

対応するが,暗い線状のコントラストが観察される.SEM像では,表面にくぼみがあると,くぼみの内部で電子線により発生した2次電子の一部が散乱し,検出器で受ける2次電子量がその分減少するため,暗く見える.この場合には,活性層の端面部分でCODが起こり,結晶の一部が溶融・蒸発した結果,このようなくぼみが形成されたものと推定される.ただし,くぼみができるかどうかはCODの度合いによるので,必ず観察されるというわけではない.

また,端面保護膜があるため,観察しづらい場合もある.次に,ESD(逆方向の高電圧の印加による)により劣化したInGaAsP/InP埋め込み型レーザの断面を,SEM/EDXにより解析した例を図4.33に示す.図4.33(a)がSEM像で,活性層はストライプ部の下方の白いコントラスト領域である.活性層から電極領域まで,広い領域にわたって破壊された様子がうかがえる.また,Pによるマッピング像(図4.33(b))中にもPが蒸発により抜けている領域が明確に観察される.逆方向の急激なpn接合のブレークダウン,空乏層の拡大により,ジュール加熱が起こり,結晶が溶融したものと考えられる.

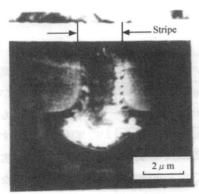 

(a) 活性層を中心に結晶が破壊溶融した領域が観察される

(b) (a)の領域に対応したPの特性X線によるEDXマッピング像活性層を中心としてPの蒸発した痕跡が認められる

図 4.33 逆方向ESD劣化したInGaAsP/InP埋め込み型レーザのSEM/EDX解析

4.5.4 活性層の厚さ・幅などの評価（SEM, FIB/SIM）

半導体レーザの劣化原因の1つとして，1）活性層の幾何学形状の異常，2）特に埋め込み型レーザの場合に，活性層の相対的な位置関係の異常などがあげられることがある．この工程では，活性層の断面の幾何学形状や周囲との相対位置などを評価する．具体的には，レーザの端面を選択エッチング液により，活性層だけを数秒間エッチングした後，SEM観察する．一例として，InGaAsP/InP系VSBレーザを選択エッチングして断面SEM観察した結果を図4.34に示す．これをステインエッチングと呼ぶ．また，この場合のエッ

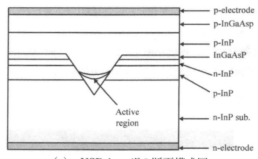

(a) VSBレーザの断面模式図

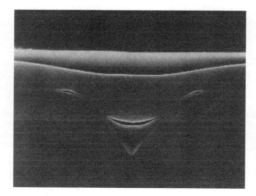

(b) ステインエッチング後の断面SEM像

図4.34　VSBレーザ断面のステインエッチング例1

チング液は，HNO_3/HF である．この液では，InGaAsP をエッチングするが，InP はエッチングされないという特徴がある．図 4.34 (a) は，このレーザの断面模式図である．活性層は，三日月状をしている．このレーザ断面をステインエッチングした後の断面 SEM 像を図 4.34 (b) である．この像では，活性層のみならず，すべての InGaAsP 層が明瞭に観察される．

4.5.5　断面構造（SEM, FIB/SIM）●●●●●●●●●●●●●●●●●

　図 4.34 で示したステインエッチングでは，活性層のみを可視化できるが，InP 層の pn 接合は，評価できない．そこで，従来から GaAs などで pn 接合を SEM 観察から可視化するためのステインエッチング法が用いられてきた[47]．この方法では，以下の配合でエッチング液を調整し，室温で光照射を行いつつ，エッチングを行う．

　エッチング配合内容：$1\ \mathrm{g}\ K_3Fe\ (CN)_6$，$1\ \mathrm{g}\ KOH$ in $10\ \mathrm{ml}\ H_2O$

　しかし，この方法を適用しても十分満足できる p-InP/n-InP 接合界面が得られなかった．そこで，筆者は，改善策を検討しているときに，あることに気がついた．すなわち，ステムにマウントされているレーザ素子をステムごとこの方法によりエッチングした結果，図 4.35 に記したコントラストがきわめて明瞭に得られた（実際の写真は残念ながら入手できない）．すなわち，p-InP 層は暗いコントラストを呈し，n-InP 層は明るいコントラストを示した．原因として，マウントされている場合には，Au めっき膜が近くに存在するため，その影響ではないかと推察した．そこで，結晶成長によりレーザ構造を作製したウエハに① Au を蒸着し，②へき開および③ステインエッチング後，断面 SEM 観察したところ，同様の像が得られた．原因として，液中に溶け出した Au イオン（＋）が，n 層表面（負に帯電）にのみ吸着し，エッチングが妨げられた結果，エッチングが通常どおりなされた p 層との間に段差ができたものと考えられる．

第4章 化合物半導体発光デバイスの不良・故障解析技術

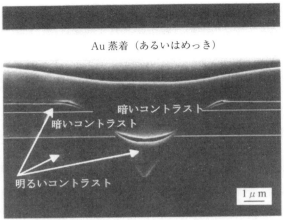

図 4.35 VSB レーザ断面のステインエッチング例2

4.5.6 各接合（ヘテロ接合，pn接合）の評価（SEM/EBIC, SSRM など）

第 4.5.4 項および 4.5.5 項で述べたステインエッチング法では，SEM 観察により評価するものの，エッチングされた表面の段差に起因するコントラストを見るため，空間分解能には限界がある．そこで，SEM/EBIC 法や各種 SPM 法（SSRM など）がもっと高い分解能で pn 接合を可視化できることはすでに述べた．ここでは，比較的簡便な SEM/EBIC 法を，埋め込み型レーザに適用した場合の概略について述べる．

半導体レーザでは，幸いなことに素子そのものが pn 接合ダイオードであるので，極端な劣化をしていない場合には，そのまま EBIC 試料として使用できる．また，半導体レーザは，へき開された端面を有しているため，断面 EBIC 像観察が可能となる．さらに，埋め込み型レーザのように断面構造が複雑な pn 接合構造をしている場合には，その形状が2次元可視化できる．したがって，下記のような正常な素子と劣化を起こした素子について，断面 EBIC 像を観察し，比較することにより，劣化部の特定が可能な場合がある．

4.5 化合物半導体発光デバイスの不良・故障解析のフローチャート ● ●

a) 長時間通電でもほとんど劣化していない素子

b) 劣化率のやや高い素子

c) 急速劣化した素子

まず，a) のような正常な素子の断面 EBIC 観察では，埋め込み層を構成する領域の pn 接合に起因する明暗のコントラストが左右対称に観察される．しかし，b), c) のように，劣化した素子では，その劣化の程度に応じて，i) メサ側壁部の pn 接合や，ii) 電流狭窄部の pn 接合において注入キャリアの非発光再結合によって形成される欠陥の増殖などにより，pn 接合部が多かれ少なかれ劣化し，i), ii) に対応する領域の EBIC パターンが消失することが予想される．

この方法で断面の pn 接合の評価を行うに当たっては，以下の点を考慮しておく必要がある．この方法では，試料表面から電子ビームを入射させた結果，結晶内部で発生するキャリア（ホール・電子対）の挙動に基づいた情報を得るため，評価できる現象は結晶表面から高々数 μm である．したがって，この方法では，対象となる現象が半導体レーザの場合に，1) ストライプ方向に沿って均一に起こっている劣化現象あるいは，2) レーザ端面付近で起こっている劣化現象に限定される．

4.5.7 コンタクト層の評価（OM, SEM, FIB/SIM, SEM/EDX） ● ● ●

この工程からは，劣化素子を破壊する必要がある．そこで，この工程から最後の結晶学的評価（TEM/EDX）までの試料の処理（破壊評価）手順を InGaAsP/InP 系 LED（チップは，レーザと同様に p 側を下にしてマウントしている）に適用した例について，図 4.36 に示しておく．本工程以降，この図 4.36 を，その都度前処理法として引用しつつ，説明する．

ここでは，4.5.3 項で述べた外観検査工程で，電極表面に反応痕などの異常が認められた場合に，最上層のコンタクト層表面でも異常があるかどうかを見るための前処理工程を説明する．まず，チップをステムから取り外す必要がある．ステム全体を加熱して，チップを取り外すことが考えられるが，これは避けた法がよい．350℃以上に加熱しないとチップが取り出せないが，その際に

第 4 章 化合物半導体発光デバイスの不良・故障解析技術

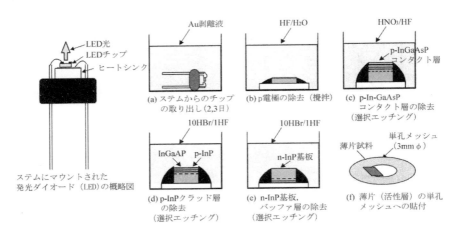

図 4.36　InGaAsP/InP 系 LED のチップ取り出しから TEM 試料作製までの工程例

電極金属，特に Au が半導体と反応してしまい，この反応層の存在によりその後の評価が困難になる可能性があるからである．最も良い方法は，Au 剥離液（シアン系の薬品なので取り扱いは厳重に注意する）中に長時間浸漬することである．数日で，Au が完全に溶解し，チップが綺麗に取り出せる．チップの p-側表面には，Ti 膜が残留している．そこで，チップを試料台にピセインワックス（電子材料用の黒色のワックス）にて固定し，HF/H2O 溶液中で 30 sec 程度撹拌すると，HF が Ti 膜と結晶界面の間に潜り込み，Ti 膜が剥がれる．

図 4.37 に，この方法を用いて，大電流パルス印加試験で劣化した InGaAsP/InP 系 DH レーザの Ti 電極を剥離した p-InGaAsP コンタクト層表面の微分干渉顕微鏡像を示す．何れの場合も，TI 膜の大部分が剥離できている．この結果からわかるように，表面に電極金属の Au と結晶とが反応した痕跡（反応痕と呼ぶ）がストライプ外の領域に数ヶ所形成されている（EDX により反応痕から Au が相当量検出されている）[48]．以上のように，この工程では電極劣化やサージ電流による劣化など電極に関連した劣化が検知できる．

4.5 化合物半導体発光デバイスの不良・故障解析のフローチャート

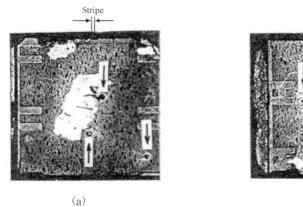
(a)   (b)

図 4.37 大電流パルス印加により劣化した InGaAsP/InP DH レーザのコンタクト層表面の光学顕微鏡像

4.5.8 クラッド層の評価（OM, SEM, FIB/SIM, SEM/EDX）

4.5.7 項の工程の後，欠陥（反応痕など）がクラッド層にも及んでいないかどうかを調べるため，最上層の p^+-InGaAsP コンタクト層を除去する．この場合には，選択エッチングが適用できる．具体的には，InGaAsP のみをエッチできる HF/HNO_3 溶液にてコンタクト層を除去する．もし，電極やコンタクト層表面，さらにはクラッド層表面でも何も異常がなければ，内部（活性層）で劣化が起きている可能性が高くなる．その場合には，次の工程に入っていく．

4.5.9 活性層の発光パターン観察（PL, EL, SEM/CL, SEM/EBIC）

この工程では，活性層の発光パターンの観察を行う．速い（急速）劣化や衝撃劣化を起した発光デバイスでは，ほとんどの場合，発光部に異常が見られる．すなわち，ダーク欠陥と呼ばれる非発光領域が観察される．また，遅い劣化でも加速されると，ダーク領域が現れることがある．これらのダーク欠陥を観察するいくつかの方法に関しては，すでに述べた．以下に，それぞれの方法により，劣化素子の発光部の観察例を紹介し，観察に当たっての注意点などについ

第4章　化合物半導体発光デバイスの不良・故障解析技術

ても触れる．

　まず，速い劣化を起した AlGaAs/GaAs DH レーザの発光領域を PL 像観察した例を，図 4.38(a) に示す．この場合には，4.5.8 項で述べた工程の後，外部から窓層となる p- クラッド層を通して活性層を励起し，その励起光による像を CCD カメラなどにより観察する．PL 像観察では，CL 像観察と同様に，ストライプ部以外の活性層も観察できるという利点がある．ダークラインやダークスポットなどのダーク欠陥がストライプの内外に見られる．図 4.39(a) は，速い劣化を起した AlGaAs/GaAs 系 LED の発光領域を EL 像観察した例である[49]．LED の場合には，半導体レーザと違い，マウントされたままの状態で通電により，発光パターンを観察できる．次に，AlGaAs/GaAs DH レーザの EL 像観察した例を図 4.40(a) に示す[50]．この場合には，実験用に upside-up の状態でボンディングしていると推定される．しかし，通常のレーザは，p- 側を下にしてボンディングされているため，PL 像観察するためには，一旦チップをはずし上下逆にして再度ボンディングする必要がある．最近では，これを

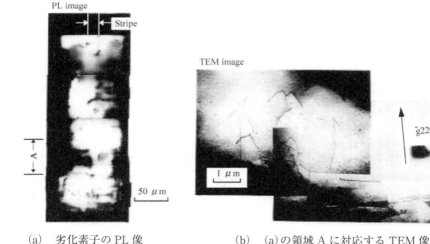

　(a)　劣化素子の PL 像　　　　(b)　(a) の領域 A に対応する TEM 像

図 4.38　速い劣化を起こした AlGaAs/GaAs DH レーザの PL/TEM 解析結果

4.5 化合物半導体発光デバイスの不良・故障解析のフローチャート

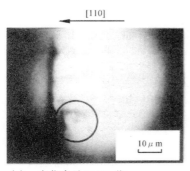
(a) 劣化素子の EL 像

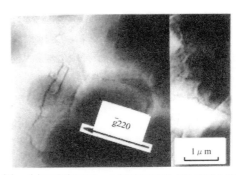
(b) (a)の○印で囲った領域に対応する TEM 像

図 4.39 速い劣化を起こした AlGaAs/GaAs DH LED の EL/TEM 解析結果

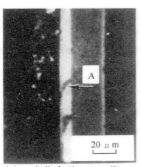
(a) 劣化素子の EL 像

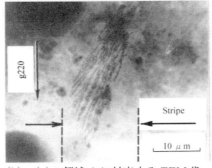
(b) (a)の領域 A に対応する TEM 像

図 4.40 速い劣化を起こした AlGaAs/GaAs DH レーザの EL/TEM 解析結果

● ● 第4章　化合物半導体発光デバイスの不良・故障解析技術

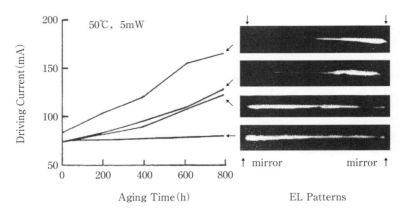

図 4.41　InGaAsP/InP 埋め込み型レーザの APC 通電劣化素子の EL 像観察結果

避けるため，裏面から研磨して再ボンディングして観察する例もある．この場合には，研磨で基板をかなり除去（残り数 μm 程度まで）しないと EL 像がぼけてしまうという難点がある．

図 4.41 は，埋め込み型の InGaAsP/InP 系レーザの EL 像観察の例である．この場合は，p‐側からの観察（チップ取り外し後 upside-up で再ボンディング）と思われる．ストライプ中にダーク欠陥が観察される．

4.5.10　活性層の劣化部の結晶学的評価（TEM/EDX, STEM/EDX）●

劣化素子の発光部にダーク欠陥が観察された場合には，その欠陥がどのような格子欠陥に対応するかを結晶学的に評価し，劣化メカニズムを明らかにする必要がある．最も適しているのが TEM である．この工程では，1) 活性層の薄片を作製する工程と 2) 活性層のダーク欠陥に対応する領域を TEM により評価するという2つのステップから構成される．図 4.38 に示した例では，選択エッチングが利用できるため，p-InP クラッド層を 10HBr/1HF 溶液中で選択エッチングした後，同じ溶液により基板をすべて除去する．残った活性層を TEM 用単孔メッシュに貼り付ける．まだ厚い場合には，さらにイオンエッチングで 0.2μm になるまで薄くする．選択エッチングができない場合には，イ

4.5 化合物半導体発光デバイスの不良・故障解析のフローチャート ● ●

オンエッチングにより行うこともあるが平坦な薄片試料を得ることが困難でかつ広い領域を薄くすることも難しい．最近では，FIB（マイクロサンプリング法）により平面TEM用試料が比較的容易に作製できるようになってきている．このようにして得られた試料を観察した結果を，図4.38（b），図4.39（b），図4.40（b）に示す．このように，劣化部のTEM観察は，平面TEMで二波条件での明視野像観察が最も適しており，必要に応じて断面観察や高分解能観察を行えばよい．

　以上，発光デバイスの劣化解析のフローチャートに沿って，各解析工程の要点を概説した．実際の劣化解析に当たっては，これらの工程すべてを必ずしも行う必要はない．劣化素子の劣化にいたる履歴，外観検査，ダーク欠陥の形状，位置などからも，ある程度劣化原因が推定できる．そういう意味で，同じデバイスに関する劣化解析データの積み上げも重要となる．

コラム

急成長の VCSEL 市場，信頼性は大丈夫？じゃない！

　VCSEL は，Vertical Cavity Surface Emitting Laser の略語で，面発光レーザと呼ばれています．東京工業大学名誉教授の伊賀氏の発明によるものです．その特長は，何といっても，従来の Edge Emitter（端面発光 LD）と異なり，光源が限りなく円に近いこと，低消費電力，量産可能で，安価ということです．2000 年代に入って，米国西海岸の企業の研究開発者の努力により，懸案事項だった長期信頼性が何とか確保できて，ようやく商品化の目途がつき，米国，ヨーロッパの一部で次々と製品化され，現在に至っています．特に，この 10 年間で，その用途が大幅に拡大し，出荷チップ数も爆発的に増加しています．メーカによっては，年間数億個の売上げがあります．日本では，今のところ，内製用に生産している企業はあり

ますが，量販できている企業はほとんどありません．

　VCSELは当初，中近距離通信用(4Gbps，10Gbps，25Gbpsなどの高速光通信)の主要部品として開発が進められましたが，その後，サーバ間・ボード間伝送の他，プリンタ，各種光センサ，マウス，エンコーダ，3次元画像処理装置，医療機器などの光源として用途が急速に拡大しています．最近では，iPhone XのFace ID，AirPodsの光源としても採用されています．

　このように，私たちの身近なところにも使われ始めてきているVCSELですが，信頼性は本当に大丈夫なのでしょうか？　VCSELでは，活性層の上部と下部にDBRと呼ばれる回折格子層が数10層積層されています．そのため，現在，これらのDBR層が基板に格子整合して実現可能な材料系はAlGaAs/GaAs系($\lambda = 850\,\mathrm{nm}$)に限定されます．ところが，この材料系は他の系に比べ信頼性にやや難があり，①転位が活性層に1本でも存在すると，光のエネルギを吸収して増殖し急速劣化を引き起す，②ESD破壊レベルが非常に低い，という問題があります．また，たとえ転位が発光領域の外側に存在しているとしても，長い時間を経て徐々に発光領域に近づき，ついには急速劣化(頓死)を引き起こす可能性があります．そのため，VCSELで色んな光モジュール・電子機器を組み立てる場合には，実装時のチップの取り扱いに細心の注意を払うことや，実装後のバーンイン試験などを適正に実施することなどが障害防止に不可欠です．

第4章の演習問題

問題1：劣化した発光デバイスのダーク欠陥観察

次の手法のうち，劣化した発光素子のダーク欠陥観察に不適なのはどれか？

(1)　PL

(2)　EL

(3)　CL

(4)　SCM

(5)　平面 EBIC

問題2：劣化部のダーク欠陥の構造評価

次の手法のうち，劣化部のダーク欠陥の微細構造評価に使われるのはどれか？

(1)　エッチピット法

(2)　EDX

(3)　TEM

(4)　SEM

(5)　X 線トポグラフィ

問題3：透過電子顕微鏡用試料の要件

次の手法のうち，透過電子顕微鏡用試料の要件ではないのはどれか？

(1)　電子線を透過する程度に薄いこと (0.02 〜 0.2 mm)

(2)　イオンなどによる損傷のないこと

(3)　へき開しにくいこと

(4)　表面に汚染，付着物等のないこと

(5)　表面が平坦であること

・演習問題の解答は，日科技連出版社のホームページよりダウンロードできます．
　https://www.juse-p.co.jp/

第4章 化合物半導体発光デバイスの不良・故障解析技術

第4章の略語一覧

略語	フルスペル	対応日本語など
AFM	Atomic Force Microscope	原子間力顕微鏡
AES	Auger Electron Spectroscopy	オージェ電子分光法
CL	Cathode Luminescence	カソードルミネッセンス
DLTS	Deep Level Transient Spectroscopy	
EBIC	Electron Beam Induced Current	
EL	Electroluminescence	エレクトロルミネッセンス
EDX または EDS	Energy Dispersive X-ray Spectroscopy	エネルギー分散型 X 線分光法
ESD	Electro Static Discharge	静電破壊
FIB	Focused Ion Beam	収束イオンビーム
KFM	Kelvin Force Microscopy	
PL	Photoluminescence	フォトルミネッセンス
SAED	Selected Area Electron Diffraction	制限視野電子線回折
SCM	Scanning Capacitance Microscope	走査容量顕微鏡
SIM	Scanning Ion Microscope	走査イオン顕微鏡
SSRM	Scanning Spreading Resistance Microscope	走査拡がり抵抗顕微鏡
STEM	Scanning TEM	走査透過電子顕微鏡
STS	Scanning Tunneling Spectroscopy	走査型トンネル分光法
TEM	Transmission Electron Microscope	透過電子顕微鏡

第4章の参考文献

[1] K. Kondo, O. Ueda, S. Isozumi, S. Yamakoshi, K. Akita, and T. Kotani : *IEEE Trans. Elect. Device* ED-30, 321 (1983).

[2] M. Meneghini, C. de Santi, N. Trivellin, K. Orita, S. Takigawa, T. Tanaka, D. Ueda, G. Meneghesso, E. Zanoni : *Appl. Phys. Let.* 99, 093506 (2011).

[3] W. H. Hackett, Jr., *J. Appl. Phys.*, 43 (1972) 1649.

[4] K. Yamazaki and S. Nakajima : *Japan. J. Appl. Phys.*, 33 (1994) 3743.

[5] M. Tanimoto and O. Vatel : *J. Vac. Sci Technol.*, B14 (1996) 1547.

[6] P. De Wolf, M. Geva, T. Hantschel, W. Vandervorst, and R. B. Bylsma : *Appl. Phys. Lett.*, 73 (1998) 2155.

第 4 章の参考文献

[7]   J. Matey and J. Blanc, *J. Appl. Phys.*, 47 (1985) 1437.

[8]   A. Erickson, L. Sadwick, G. Neubauer, J. Kopanski, and M. Rogers：*J. Electron. Materials*, 25 (1996) 301.

[9]   A. Yamaguchi, S. Komiya, Y. Nishitani, and K. Akita：*Japan. J. Appl. Phys.*, Supplement 19-3 (1980) 341.

[10]   O. Ueda, S. Komiya, S. Yamazaki, Y. Kishi, I. Umebu, and T. Kotani：*Japan. J. Appl. Phys.*, 23 (1984) 836.

[11]   B. Wakefield：*Inst. Phys. Conf. Ser.*, 67 (1983) 315.

[12]   A. Ourmazd and G. R. Booker：*Phys. Stat. Solid.*, 55 (1979) 771.

[13]   S. Albin, R. Lambert, S. M. Davidson, and M. I. J. Beale：*Inst. Phys. Conf. Ser.*, 67 (1983) 241.

[14]   A. J. R. de Kock, S. D. Ferris, L. C. Kimerling, and H. J. Leamy：*J. Appl. Phys.*, 48 (1977) 301.

[15]   O. Ueda, I. Umebu, S. Yamakoshi, K. Oinuma, T. Kaneda, and T. Kotani：*J. Electron Microscopy* (Japan), 33 (1984) 1.

[16]   S. Komiya and K. Nakajima：*J. Crystal Growth*, 48 (1980) 403.

[17]   F. Secco d' Aragona, *J. Electrochem. Soc.*, 119 (1972) 948.

[18]   E. Sirtl and A. Adler, *Z. Metallkd.*, 52 (1972) 948.

[19]   J. G. Grabmaier and C. B. Watson：*Phys. Stat. Sol.*, 32 (1969) K13.

[20]   N. Otsuka, C. Choi, Y. Nakamura, S. Nagakura, R. Fischer, C. K. Peng, and H. Morkoc：*Appl. Phys. Lett.*, 49 (1986) 277.

[21]   T. Nishioka, Y. Ito, A. Yamamoto, and M. Yamaguchi：*Appl. Phys. Lett.*, 51 (1987) 1928.

[22]   D. J. Stirland：*Appl. Phys. Lett.*, 53 (1988) 2432.

[23]   杉田：『応用物理』, 46 (1977) 1056.

[24]   P. L. Giles, D. J. Stirland, P. D. Augustus, M. C. Hales, N. B. Hasdell, and P. Davis：*Inst. Phys. Conf. Ser.* 56 (1981) 669.

[25]   T. Kotani, O. Ueda, K. Akita, Y. Nishitani, T. Kusunoki, and O. Ryuzan：*J. Crystal Growth*, 38 (1977) 85.

[26]   K. Mizuguchi, N. Hayafuji, S. Ochi, T. Murotani, and K. Fujikawa：*J. Crystal Growth* 77 (1986) 509.

[27]   K. Nauka, J. Lagowski, H. C. Gatos, and O. Ueda：*J. Appl. Phys.*, 60 (1986) 615.

[28]   M. W. Jenkins：*J. Electrochem Soc.*, 124 (1977) 757.

[29]   K. W. Andrews, D. J. Dyson, and S. R. Keown："Interpretation of Electron

第 4 章　化合物半導体発光デバイスの不良・故障解析技術

Diffraction Patterns", *Plenum Press*, New York, 1988.

[30]　M. Komura, S. Kojima, and T. Ichinokawa：*J. Phys. Soc. Japan*, 33 (1972) 1415.

[31]　O. Ueda, S. Isozumi, and S. Komiya：*Japan. J. Appl. Phys.*, 23 (1984) L241.

[32]　桑野他：特定研究「混晶エレクトロニクス」第 7 回研究会論文集，p.61.

[33]　O. Ueda, J. Lagowski, and H. C. Gatos, unpublished.

[34]　A. Art, R. Gevers, and S. Amelinckx：*Phys, Stat. Sol*, 3 (1963) 697.

[35]　上田他：「昭和 63 年秋季応用物理学会予稿集」，4a-Y-3.

[36]　D. J. Cockayne：*J. Microsc.* 98 (1973) 116.

[37]　O. Ueda, K. Nauka, J. Lagowski, and H. C. Gatos：*J. Appl. Phys.*, 60 (1986) 622.

[38]　P. B. Hirsch, A. Howie, and M. J. Whelan, *Philos. Trans. Roy. Soc.* London, A252 (1960) 499.

[39]　R. D. Heidenreich and W. Shockley：*Bristol Conf., Phys. Soc.,* London.

[40]　F. C. Frank and J. F. Nicholas：*Philos. Mag.*, 44 (1953) 1213.

[41]　R. Gevers：*Phys. Stat. Sol.*, 3 (1963) 415.

[42]　G. Thomas and J. Washburn：*Rev. Mod. Phys.*, 35 (1963) 992.

[43]　D. Laister and G. M. Jenkins：*Philos. Mag.*, 23 (1971) 1077.

[44]　D. J. Mazey, R. B. Barns, and A. Howie：*Philos. Mag.*, 7 (1962) 1861.

[45]　T. Kamejima, J. Matsui, Y. Seki, and H. Watanabe：*J. Appl. Phys.*, 50 (1979) 3312.

[46]　O. Ueda, S. Komiya, and S. Isozumi：*Japan. J. Appl. Phys.*, 23 (1984) L394.

[47]　R. E. Ewing and D. K. Smith：*J. Appl. Phys.*, 39 (1968) 5943.

[48]　O. Ueda, H. Imai, A. Yamaguchi, S. Komiya, I. Umebu, and T. Kotani：*J. Appl. Phys.*, 55 (1984) 665.

[49]　O. Ueda, S. Isozumi, S. Yamakoshi, and T. Kotani：*J. Appl. Phys.*, 50 (1979) 765.

[50]　P. M. Petroff and R. L. Hartman：*Appl. Phys. Lett.*, 23 (1973) 469.

索　引

【数字】

2次イオン質量分析法　9, 16
3D-AP　17, 76, 77
3次元アトムプローブ　17, 76

【A-Z】

AES　16, 74, 190
AFM　9, 16, 134
BMD　98
BPD　138
C-CCD　55
CL　174
CTEM　179
C-V 測定　96
C ライン　118
DLTS 測定　117, 118
DLTS 法　167
DZ　99
EBAC　12, 78
EBAC 装置　61
EBAC 法　64
EBIC 法　168
EBIRCH　65
EBSP　18
EBT　12, 32, 59
EB テスタ　59
EDS　9, 15, 72
EDX　15, 50, 72
EDX 法　190, 191
EELS　16, 73
EMS　8
EOP/EOFM　32, 60, 61
EPMA　72
ESD 試験　163
TED　137
FIB　20, 31, 66, 67
FMEA　2

FTA　2
FTIR　9, 24
FTIR 法　118
G ライン　118
HBM　163
HVIC　98
ICP-MS　9
IG　9
I-L カーブ　152
InGaAS 検出器　55
IR-LSM　17
IR-OBIRCH　12, 14, 17, 32, 33
IR-OBIRCH 装置　33
KFM　134
LADA　15
LD　151
LED　150, 151
LIT　14, 26, 132
LSM　17
LVP/LVI　32, 60
MEM　140
MOCI　29, 30, 79
MOFM　29, 79
MOS　6
NANOTS　21
OBIC　8, 63
OBIRCH　8, 14, 78, 130
OBIRCH 効果　34
Oi　98, 118
OSF　98
PEM　8, 14, 54
PIND　15
PL　172
PL トポグラフ　173
PL 法　9, 118
pn 接合　151, 198
RCI　12, 64, 78

索引

RIL　15, 50
SAED　183
SCFM　134
SCM　9, 115, 169, 170
SDL　15, 50
Seebeck 効果　45
SEM　8, 15, 18, 69, 166
SF　139
Si-CZ 結晶　7
SiC デバイス　139
Si-IGBT　86
SIL　52
SIM　19, 67, 68
SIMS　9, 16, 122
SNDM　75
SOBIRICH　28, 133
SPM　9
SRAM　74
SR 測定　95
SSRM　74
STEM　15, 18, 31, 72, 174
TAIKO プロセス　121
TCAD　74
TCR　37, 42
TEM　8, 15, 18, 71, 179
TIVA　78
TOF　76
TOF 型質量分析　17
TREM　14
TSD　138
TXRF 分析　9
VC　64
VCSEL　205
WDX　72
Weak-beam 条件　186
WGS パワーデバイス　137
XRT　9
X 線 CT　19, 25
X 線透視　19, 25
X 線トポグラフィ　9, 107, 139

【記号】

μ-PCD　9
μ-PCD 法　102, 111

【あ行】

アレニウスプロット　159, 160, 161
暗視野法　185
イオン注入プロセス　114
異常応答　14
異常シグナル・異常応答利用法　12, 13
異常電流経路　14
異常電流信号　14
一波条件　184
ウエハ仕様　4, 7
ウエハの大口径化　142
ウエハライフタイム　101
ウエハ裏面状態　106
薄ウエハプロセス　90, 120
ウォラストンプリズム　164
液晶法　63
エッチング　177
エネルギー分散型 X 線分光法　9, 50, 72
エピタキシャル成長　103
エミッション顕微鏡　8, 14, 32, 54, 130
オージェ電子分光法　16, 74, 190
温度特性　100

【か行】

外観検査　194
外観検査技術　164
化学組成評価技術　190
化合物半導体発光デバイス　150
加工法　19, 20
カソードルミネッセンス法　174
活性層　201, 204
過渡熱測定　123, 124
貫通刃状転位　137

索 引

貫通らせん転位　138
基底面転位　138
逆位相境界　178
キャリア再結合発光　57
吸収電流　64，78
共焦点赤外レーザ走査顕微鏡　17
共焦点レーザ走査顕微鏡　17
金属微細探針　12
空間分解能　52
クラスタ　178
クラッド層　201
黒いコントラスト　37
傾角粒界　178
形態・構造観察法　17，18
結晶学的評価技術　177，179
ケルビンプローブフォース顕微鏡　134
原子間力顕微鏡　9
顕微 FTIR　17
高温加速試験　157
高温動作対応モジュール　126
光学的評価技術　172
格子間酸素　98
高耐圧 IC　98
故障解析　1，2
故障解析の手順　24
固浸レンズ　52
コンタクト層　199
コンピュータ断層撮影　19，25

【さ行】

サーマルサイクル試験　128
酸化誘起積層欠陥　98
時間分解エミッション顕微鏡　14，58
試験専用構造　35
磁場顕微鏡　133
重金属汚染　111
集束イオンビーム　31，66
寿命試験　158，159
寿命データ解析　2
寿命の定義　155

寿命予測　157
ショットキー障壁　46
試料作製法　181
白いコントラスト　37
信頼性試験　1，156
信頼性設計技法　2
信頼性データベース　2
信頼性七つ道具　2
スリップ転位　108，109
制限視野電子線回折法　183
静電気破壊　163
制動放射　55，56
赤外吸収スペクトル測定　9
積層欠陥　7，139，178
選択エッチング法　8，98，137，201
全反射蛍光 X 線分析　9
走査 SQUID 顕微鏡　26
走査イオン顕微鏡　19
走査超音波顕微鏡　26
走査電子顕微鏡　8，69，166
走査透過電子顕微鏡　15，31，71，174
走査非線形誘電率顕微鏡　75
走査拡がり抵抗顕微鏡　74
走査プローブ顕微鏡　9
走査容量原子力顕微鏡　134
走査容量顕微鏡　9，169
増速酸化　122
組成分析法　15，16

【た行】

大電流通電試験　162
ダイボンド　125
多機能 SPM　134
多波格子像法　188
多波条件　184，186
ダブルヘテロ接合　151
ダメージ層　20
断面 EBIC 法　167
断面構造　197
チップ部　32

213

索 引

中空 PKG　15
超音波刺激抵抗変動検出法　133
通電試験　157
抵抗の温度係数　42
デバイス不良　93, 94
転位　7, 107, 178
転位のバーガースベクトル　188
転位ループ　189
電位コントラスト　59
電位コントラスト法　64
電界蒸発　76
電気的・光学的評価　192
電気的評価技術　167
電気的評価法　10, 11
電子エネルギー損失分光法　16, 73
電子ビームテスタ　12, 32, 59
電流経路　37
電流－光出力特性曲線　152
透過 X 線トポグラフィ　139
透過電子顕微鏡　8, 15, 71, 179
ドーパント不純物　95, 114
トレンチ加工プロセス　116

【な行】

ナイフエッジ化　120
内部ゲッタリング　9
ナノテスティングシンポジウム　21
ナノプロービング　12
ナノプロービング法　64
二波条件　183, 185
熱起電力　45
熱抵抗測定　123, 124
熱放射　58

【は行】

配線 TEG　35
バックエンド　6
パッケージ部　25
発光源　55, 56
発光ダイオード　150

発光メカニズム　54, 55, 56
パワーサイクル試験　128
パワーチップ　86
パワーチップ製造プロセス　90
パワーチップ用 Si ウエハ　88
パワーデバイス　8, 86, 142
パワーデバイス製造プロセス　93, 94
パワーモジュール　91
パワーモジュールの熱抵抗　123
半導体レーザ　151, 152
バンド間発光　57
バンド内発光　56
半破壊絞り込み　24, 63
光ビーム誘起電流法　8
微小欠損　7
非破壊絞り込み　24, 32
微分干渉顕微鏡　164
ヒューマンボディモデル　163
拡がり抵抗　95
フォトルミネッセンス法　9, 172
物理化学的解析　66
負の TCR　37, 42
フーリエ変換赤外分光法　17
不良解析　153
不良・故障箇所の同定技術　130
不良・故障箇所の非破壊同定技術　132
フロントエンド　6
平面 EBIC 法　168, 175
ヘテロ接合　198
ボイド　125

【ま行】

ミスフィット転位　108, 109
ミラー電子顕微鏡　140
無欠陥層　99
明視野法　183

【や行】

誘導結合プラズマ質量分析　9
四探針測定　96

【ら行】

ライフタイム制御　117
ラマン散乱分光法　110
リーク電流　99, 100
リーク不良　7
レーザ走査顕微鏡　51

レーザビーム加熱抵抗変動法　8
ロックインサーモグラフィ　14, 26,
　27, 132

【わ行】

ワイヤーボンド　126, 127

監修者紹介

益 田 昭 彦(ますだ　あきひこ)

1940 年生まれ.

電気通信大学大学院博士課程 修了. 工学博士.

日本電気㈱にて通信装置の生産技術, 品質管理, 信頼性技術に従事(本社主席技師長). 帝京科学大学教授, 同大学大学院主任教授, 日本信頼性学会副会長, IEC/TC56 信頼性国内専門委員会委員長などを歴任.

現在, 信頼性七つ道具(R7)実践工房 代表, 技術コンサルタント.

主な著書に, 『品質保証のための信頼性入門』(共著, 日科技連出版社, 2002 年), 『新 FMEA 技法』(共著, 日科技連出版社, 2012 年)がある.

工業標準化経済産業大臣表彰, 日本品質管理学会品質技術賞, 日本信頼性学会奨励賞, IEEE　Reliability Japan Chapter Award(2007 年信頼性技術功績賞).

鈴 木 和 幸(すずき　かずゆき)

1950 年生まれ.

東京工業大学大学院博士課程 修了, 工学博士.

電気通信大学 名誉教授, 同大学大学院情報理工学研究科 特任教授.

主な著書に, 『信頼性・安全性の確保と未然防止』(日本規格協会, 2013 年), 『未然防止の原理とそのシステム』(日科技連出版社, 2004 年), 『品質保証のための信頼性入門』(共著, 日科技連出版社, 2002 年) がある.

Wilcoxon Award(米国品質学会, 米国統計学会, 1999 年), デミング賞本賞(2014 年).

二 川　　清(にかわ　きよし)　全体編集, 第 1 章 1.1 節, 1.3 節, 第 2 章 執筆担当

1949 年大阪市生まれ.

大阪大学大学院基礎工学研究科 物理系修士課程修了. 工学博士.

NEC, NEC エレクトロニクスにて半導体の信頼性・故障解析技術の実務と研究開発に従事.

大阪大学特任教授, 金沢工業大学客員教授, 日本信頼性学会副会長などを歴任. 現在, 芝浦工業大学非常勤講師.

主な著書に, 『信頼性問題集』(編著, 日科技連出版社, 2009 年), 『新版　LSI 故障解析技術』(日科技連出版社, 2011 年), 『はじめてのデバイス評価技術　第 2 版』(森北出版, 2012 年)がある.

信頼性技術功労賞(IEEE 信頼性部門日本支部), 推奨報文賞, 奨励報文賞(ともに日科技連信頼性・保全性シンポジウム), 論文賞(レーザ学会)などを受賞.

堀 籠 教 夫(ほりごめ　みちお)

1940 年生まれ.

東京商船大学(現 東京海洋大学)卒業. 東京海洋大学 名誉教授. 工学博士.

主な著書に, 『信頼性ハンドブック』(共編著, 日科技連出版社, 1996 年)がある.

日本舶用機関学会(現 日本マリンエンジニアリング学会)土光賞, 電子情報通信学会フェロー.

● ● ● 監修者・著者紹介

著者紹介

上 田　修（うえだ　おさむ）　第 4 章 執筆担当

　1950 年大阪市生まれ.

　東京大学工学部物理工学科 卒業. 工学博士

　1974 年 -2005 年, 富士通研究所㈱にて, 半導体中の格子欠陥の評価および半導体
発光デバイス・電子デバイスの劣化メカニズム解明の研究に従事. 2005 年 -2019 年,
金沢工業大学 大学院工学研究科 教授. 現在, 明治大学 客員教授.

　主な著書に, *Reliability and Degradation of III-V Optical Devices*, （単著, Artech House
Publishers, 1996 年）, *Materials and Reliability Handbook for Semiconductor Optical and
Electron Devices*, （編著, Springer, 2012 年）, 『半導体評価技術』（共著, 産業図書,
1989 年）がある.

　2003 年第 51 回電気科学技術奨励賞（オーム技術賞）, 2007 年第 1 回応用物理学会フェ
ロー, 2010 年 APEX/JJAP 編集貢献賞（応用物理学会）.

山 本 秀 和（やまもと　ひでかず）　第 1 章 1.2 節, 第 3 章 執筆担当

　1956 年釧路市生まれ.

　北海道大学大学院 工学研究科 電気工学専攻 博士後期課程修了. 工学博士.

　三菱電機にて Si-LSI およびパワーデバイスの研究開発に従事.

　現在千葉工業大学教授. パワーデバイスおよびパワーデバイス用結晶の評価技術
の研究に従事.

　北海道大学客員教授, パワーデバイスイネーブリング協会理事, 新金属協会シリ
コン結晶評価技術国際標準審議委員会委員長, 新金属協会半導体サプライチェーン
研究会副委員長などを歴任.

　主な著書に, 『パワーデバイス』（コロナ社, 2012 年）, 『半導体 LSI 技術』（共著, 共
立出版, 2012 年）, 『現代電気電子材料』（共著, コロナ社, 2013 年）, 『ワイドギャッ
プ半導体パワーデバイス』（コロナ社, 2015 年）, 『はかる × わかる半導体 パワーデ
バイス編』（共著, 日経 BP 社, 2019 年）がある.

■信頼性技術叢書

半導体デバイスの不良・故障解析技術

2019 年 12 月 31 日　第 1 刷発行

監修者　信頼性技術叢書編集委員会
編著者　二川　清
著　者　上田　修　山本秀和
発行人　戸羽節文
発行所　株式会社日科技連出版社
　　　　〒 151-0051 東京都渋谷区千駄ヶ谷 5-15-5
　　　　　　　DS ビル
　　　　電話　出版 03-5379-1244
　　　　　　　営業 03-5379-1238
　　　　URL　https://www.juse-p.co.jp/

印刷・製本　河北印刷株式会社

© *Kiyoshi Nikawa, Osamu Ueda, Hidekazu Yamamoto. 2019*
Printed in Japan
本書の全部または一部を無断でコピー，スキャン，デジタル化など
の複製をすることは著作権法上での例外を除き禁じられています．
本書を代行業者等の第三者に依頼してスキャンやデジタル化するこ
とは，たとえ個人や家庭内での利用でも著作権法違反です．
ISBN978-4-8171-9685-9